シリーズ〈行動計量の科学〉
日本行動計量学会【編集】

6

意思決定の処方

竹村和久　藤井　聡
［著］

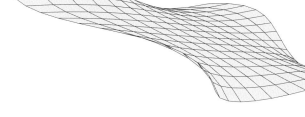

朝倉書店

まえがき

　人間の意思決定の研究は，人々の判断や意思決定に関する心理学的知見を数多く提供してきた．意思決定研究は，少なくとも18世紀にロシアのサンクトペテルブルグで活躍したベルヌイ（Bernoulli, D.）の効用の研究に遡ることができるが，1978年度のノーベル経済学賞受賞者のサイモン（Simon, H. A.），2002年度の受賞者のカーネマン（Kahneman, D.）の諸研究に認められるように，その心理学的方法論と知見を用いた応用が，経済学，経営学，工学などの分野で広くなされており，その有用性が認められてきている．

　本書では，行動計量学的な立場に立脚しながら，意思決定の処方の考え方と我々の検討してきた「状況依存的焦点モデル」についての考え方とそれらの知見と応用についての概説を行う．処方的意思決定アプローチは，記述のみを目的としてはいず，規範的なことのみを考えているわけではなく，よりよい意思決定を考えていく．本書で紹介される状況依存的焦点モデルは，どちらかというと記述的な側面が強いが，非常に単純であり，処方的に用いることが容易である．

　本書を読むにあたっては，高度な専門的知識はまったく必要ではない．ただし，心理学，経営学，経済学についての入門的知識，高校卒業生程度の数学の知識があるほうが，より一層，本書の内容の理解が促進されると思われる．また，巻末に引用文献を載せているので，関連する研究についてさらに詳しく知りたい方は，それらの文献を参考にしていただきたい．

　本書は，序説：意思決定の処方と状況依存的焦点モデル，第Ⅰ部：意思決定の処方と状況依存的意思決定論，第Ⅱ部：状況依存的焦点モデルの計量と応用という構成になっている．本書の序説は藤井と竹村が担当し，Ⅰ部は，竹村が主に担当し，Ⅱ部は主に藤井が担当している．

　本書のもとになる状況依存的焦点モデルは，20年ほど前に竹村がもとの論

文を書き（竹村，1994），それから1999年にスウェーデンのイエテボリ大学心理学部で竹村と藤井がはじめて出会い，帰国後も頻繁な研究交流のもとでその行動計量学的研究が進展した．本書では，これまでの既存の意思決定理論との対比も行いながら，状況依存的焦点モデルの内容をできるだけわかりやすく記述している．

本書の内容は，早稲田大学，京都大学，学習院大学，立教大学，東京大学，東京工業大学，名古屋大学，関西大学，大阪人間科学大学，神戸大学，九州大学，ロシア国立サンクトペテルブルグ大学での講義でも用い，本書をまとめる上で学生諸氏の質疑応答が大変参考になった．とくに，早稲田大学竹村ゼミ，京都大学藤井研究室の大学院生の方々や意思決定研究所の研究員の方々には，平素の議論を通じて，大変有意義な意見を頂戴している．中でも，故大久保重孝氏と玉利祐樹氏には草稿を読んでいただき，わかりやすくするためのヒントになる貴重なコメントをもらった．また，村上始氏には引用文献リストの整理を手伝ってもらった．

筑波大学中村豊氏，京都大学高橋英彦氏，慶應義塾大学坂上貴之氏，吉川肇子氏，東京大学唐沢かおり氏，愛媛大学羽鳥剛史氏，ストックホルム大学ヘンリー・モンゴメリー氏，イエテボリ大学トミー・ヤーリング氏，ノルウェイ経済・経営大学院マーカス・セラート氏，オーストラリア国立大学マイク・スミソン氏，サンクトペテルブルグ大学ユーリ・ガタノフ氏には，意思決定に関する共同研究をする上で，日ごろより貴重な意見をいただいており，本書をまとめるうえでも参考になった．

さらに，文部科学省特定領域研究「実験社会科学」（高知工科大学西條辰義氏代表）の意思決定班および文部科学省基盤研究A（竹村和久代表）の研究打ち合わせ会やワークショップを通じて，実験心理学，行動経済学，実験経済学を含むさまざまな分野の研究者と意見交換ができ，大変参考になっている．また，20年以上継続している認知的統計的意思決定研究会（帝京大学繁桝算男氏代表）にも当初より参加させていただき，大化社小橋康章氏，東京工業大学山岸侯彦氏をはじめとする意思決定研究者の皆様からいつも勉強をさせていただいている．早稲田大学阿部周造氏，金子守氏，守口剛氏，恩蔵直人氏，椎名乾平氏，清水和巳氏，広田真一氏，船木由紀彦，上智大学杉本徹雄氏，東京

大学阿部誠氏には，意思決定研究について日ごろの議論を通じてお世話になっている．

　これまで意思決定の勉強や研究を進めるにあたって，故小嶋外弘（同志社大学），高木修（関西大学），繁桝算男（帝京大学），木下冨雄（京都大学名誉教授），松原望（聖学院大学）の先生方には，ご指導・ご鞭撻をいただき大変お世話になった．

　最後になるが，本書は，故柳井晴夫日本行動計量学会理事・出版編集委員長のもとで企画され，草稿も読んでくださり貴重なコメントをいただき大変お世話になった．また，後のご担当になった山岡和枝理事のもとでも執筆に際してご支援をいただいた．最後になるが，朝倉書店の方々には長期にわたって辛抱強く原稿の完成を待ってくださり，編集を通じて大変お世話になった．

　また，ここで指摘していない，これまでに出会った学会の多くの人々の御助言のおかげで本書は出来上がっていると思われる．以上の人々に深く感謝する次第である．

2015 年 2 月

竹 村 和 久

藤 井　　聡

目　　次

序説　意思決定の処方と状況依存的焦点モデル

1. 意思決定の処方について ……………………………………………… 2
   1.1 意思決定と行動計量学 …………………………………………… 2
   1.2 意思決定の処方の考え方 ………………………………………… 4
   1.3 状況依存的焦点モデル …………………………………………… 8

Part I　状況依存的焦点モデルの論理

2. 選好の順序づけと測定 ………………………………………………… 16
   2.1 順序づけの判断の状況 …………………………………………… 16
   2.2 順序づけの判断の様相 …………………………………………… 18
      2.2.1 関係の認識と集合論 ………………………………………… 18
      2.2.2 順序づけと比較判断 ………………………………………… 19
      2.2.3 比較判断のさまざまな形 …………………………………… 19
      2.2.4 同値関係と順序関係 ………………………………………… 21
   2.3 関係系と順位づけの数量化 ……………………………………… 22
   2.4 公理的測定論と順序づけの数量化 ……………………………… 24
      2.4.1 測定とは何か ………………………………………………… 24
      2.4.2 一意性と測定尺度水準 ……………………………………… 25
   2.5 これまでの数理的表現：順序づけと測定理論 ………………… 28
      2.5.1 2項関係 ……………………………………………………… 28
      2.5.2 同値関係 ……………………………………………………… 29
      2.5.3 順序関係 ……………………………………………………… 29
      2.5.4 関係系 ………………………………………………………… 30

	2.5.5	全順序と数量化の定理	30
	2.5.6	弱順序と数量化の定理	33
	2.5.7	対応づけと測定	36
	2.5.8	一意性と測定尺度水準	37

3. 加法的モデルによる測定と公理系 ……………………………… 39
3.1 測定と尺度構成 ……………………………………………………… 39
3.2 尺度水準からみた可能な心理物理法則 …………………………… 40
3.3 表現的測定によるアプローチ ……………………………………… 43
   3.3.1 エクステンシブ測定 ……………………………………………… 43
   3.3.2 コンジョイント測定 ……………………………………………… 44
   3.3.3 コンジョイント分析 ……………………………………………… 45
3.4 加法コンジョイント構造と測定 …………………………………… 47

4. 状況依存性と状況依存的焦点モデル …………………………… 51
4.1 状況依存的意思決定について ……………………………………… 51
4.2 なぜ状況依存的意思決定は説明することが困難なのか ………… 52
4.3 状況依存的焦点モデルの基本的考え方 …………………………… 55
4.4 状況依存的焦点モデルの定式化 …………………………………… 57
   4.4.1 状況依存的焦点モデルの基本仮定と定式化 ………………… 57
   4.4.2 リスク態度と状況依存的焦点モデル ………………………… 61
4.5 状況依存的焦点モデルの表現定理 ………………………………… 65

5. 状況依存的焦点モデルの計算の考え方と基礎実験 ………… 68
5.1 状況依存的焦点モデルの簡便なパラメータ推定法の考え方 …… 68
5.2 選択比率と効用が比例していると考えられる単純な推定法 …… 69
5.3 選好の強さを評定できる場合の推定法 …………………………… 72
5.4 誤差項がある効用を仮定した推定方法 …………………………… 73
5.5 状況依存的焦点モデルと焦点化仮説の基礎実験1：
    反射効果の実験 ……………………………………………………… 76

5.6 状況依存的焦点モデルと焦点化仮説の基礎実験2：
アジアの病気問題による実験 ……………………………………… 78
5.7 実験結果の計量分析例 …………………………………………………… 80
5.8 情報モニタリング法を用いた状況依存的焦点モデルの
焦点化仮説の実験 ……………………………………………………… 82
 5.8.1 実験1：アジアの病気問題 ………………………………… 82
 5.8.2 実験2：アジアの病気問題の変形問題 ……………………… 84
 5.8.3 実験3：反射効果に関する問題 …………………………… 85
5.9 焦点化仮説と基礎実験 ………………………………………………… 86

6. 状況依存的焦点モデルと他の理論との関連性 ……………………… 89
6.1 期待効用理論 …………………………………………………………… 89
6.2 期待効用理論の反例―アレのパラドックス― ………………………… 93
6.3 非加法的確率と非線形効用理論 ………………………………………… 95
6.4 なぜ非線形効用理論はフレーミング効果を説明できないのか ……… 99
6.5 フレーミング効果とプロスペクト理論 ……………………………… 100
6.6 状況依存的焦点モデルと他の理論との関係 ………………………… 105

Part II　状況依存的焦点モデルによる「行動計量」

7. 「行動計量モデル」とは何か ……………………………………… 114
7.1 行動計量モデルの基本 ………………………………………………… 114
7.2 離散的判断のランダム効用モデル …………………………………… 115
7.3 しきい値の推定 ………………………………………………………… 119
7.4 離散的選択のランダム効用モデル …………………………………… 123

8. 不確実性下の行動計量 ……………………………………………… 129
8.1 「不確実性下の意思決定」と「リスク態度」 ………………………… 129
8.2 リスク態度と効用関数の"形" ………………………………………… 132
8.3 リスク態度の状況依存性 ……………………………………………… 134

8.4　リスク態度の計量化……………………………………………… 137

9. 多属性選択の行動計量……………………………………………… 142
　9.1　多属性選択………………………………………………………… 142
　9.2　多属性選択における状況依存性を考慮することの「社会的意義」… 143
　9.3　囚人のジレンマゲーム…………………………………………… 145
　9.4　囚人のジレンマゲームの意思決定における"注意"の問題……… 147
　9.5　状況依存的焦点モデルに基づく行動の計量化………………… 149
　9.6　この実験結果が示唆する"意義"………………………………… 151

10. 社会問題解消のための行動計量アプローチ（1）
　　　―「道路渋滞」問題について―……………………………… 153
　10.1　道路渋滞と意思決定問題……………………………………… 153
　10.2　経路選択の室内実験の概要…………………………………… 155
　10.3　実験結果………………………………………………………… 158
　10.4　実験操作が"注意"に及ぼす計量分析………………………… 160
　10.5　渋滞解消に向けた心理的方略の可能性とその在り方……… 162

11. 社会問題解消のための行動計量アプローチ（2）
　　　―「コンパクトシティ」問題について―…………………… 164
　11.1　実際のフィールドでの検証の必要性………………………… 164
　11.2　「コンパクトシティ」を形成することの意義………………… 165
　11.3　コンパクトシティを巡る社会的ジレンマ…………………… 166
　11.4　コンパクトシティを導く意思決定の促進に向けて………… 168
　11.5　実験の概要……………………………………………………… 169
　11.6　実験結果………………………………………………………… 171
　11.7　コンパクトシティを導くコミュニケーションの在り方…… 174

文　　献………………………………………………………………………… 177
索　　引………………………………………………………………………… 181

序説
意思決定の処方と状況依存的焦点モデル

　この章では，まず，意思決定の定義を述べながら行動計量学との関係を説明する．つぎに，意思決定の研究のアプローチとして，規範的アプローチ，記述的アプローチがあり，処方的アプローチがあることをまず述べ，規範的でも記述的でもないアプローチの仕方としての処方的アプローチについて解説する．さらに，処方的アプローチに用いるモデルとして，状況依存的焦点モデルの概要を説明する．状況依存的焦点モデルは，意思決定問題への注意によって意思決定の状況依存性を説明するモデルであり，人間の意思決定現象を説明するプロスペクト理論とも異なった説明をしている．本章では，状況依存的焦点モデルが，行動計量モデルとして単純であり予測が容易であり，意思決定の現象記述や処方的アプローチをするうえでも利点があることを説明する．

1

意思決定の処方について

1.1 意思決定と行動計量学

　今日の出来事を振り返って,朝起きてから今まで,どのようなことをしたかを考えてみよう.

　起きたからには,ある時点で立ち上がるだろう.でも,その時点でなく,もう少し早くても,もう少し遅くても良かったに違いない.しかし,立ち上がるからには,ある特定の時点を選択せざるを得ない.そして,立ちあがってから,たとえば新聞を探したかもしれない.しかし,新聞を探さずに,小説や着替えを探すこともできたに違いない.それにもかかわらず,ある特定の行為を選択せざるを得ない.こうして,特定の通勤・通学手段を選択して,昼食を採る時刻として特定の時刻を選択し,特定の単語を選択しながら人と話をしていく.

　つまり,我々の生活は,好むと好まざるとに関わらず,選択の連続なのである.結婚や就職といった重大な選択は言うまでもなく,日常生活の些細な行為のひとつひとつが,選択の所産である.一方で,個々の選択に着目してみよう.たとえば,特定の交通手段が選択されるまでに,さまざまな経緯があっただろう.どんな交通手段があり,それぞれにどのような特徴があるのかを調べるために,人に聞いたり駅で調べたりして情報を集めたかもしれない.そして,それらの情報に基づいて,個々の交通手段の長所や短所を考えたかもしれないし,最後にそれらを比較して最終的な選択をしたかもしれない.あるいは,衝動的にある選択をしただけかもしれないし,習慣的に昔から使い続けている交通手段を繰り返し利用しているだけかもしれない.いずれにしても,いかなる選択

においても，その複雑さや深さに違いがあるとしても，ある選択結果が顕在化するまでにはさまざまな経緯がある．これが，意思決定（decision making）のプロセスである．

意思決定は，広義には，意志を決める意識の働きをさすと心理学では考えられている．たとえば，どの政治家が好ましいかを投票のときに選んだり，スーパーでどの商品を買うかを決めたり，会社の経営においてどちらの案を採用するかを決めることは，みんな意思決定である．意思決定は，意志を決める意識の働きであると考えられるとしても，この意思決定は，行為のみからみると，一群の選択肢（alternatives）の中からある選択肢を採択すること，すなわち，行為の選択（choice）であると定義することができる（竹村，1996）．このように意思決定を行為からまず定義することにして，本書では出発する．ただし，それでは，意志の入らない無意識的行為の選択は意思決定なのかとか，人間以外の生物が行う選択も意思決定なのかという問題も，このような定義ではでてきてしまうが，本書では，選択肢の採択行為を，すべて意思決定と呼んで考察してみたい．そのような見方をすると，動物の選択行動も，人間の無意識的な選択行動も，同じ理論枠組みでとらえ得ると考えることができる．

行動計量学は，「人間の広義の行動現象に関して，現象の本質をとらえ，これを目的に即してフォーミュレイトし，実験・調査を行い，測定し，解析し，情報をとり出す，という一連の過程に沿って方法論を開発することに関心の中心を据えて，各専門領域における研究を促進し，研究者の領域相互間の交流を図ることを目的（行動計量学会学会趣意）」とした学問である．このような意味で，多くの人が行う意思決定現象をどのように測定し，計量化するかということは，行動計量学にとっても重要な問題であると言える．

測定の問題は，すべての科学においても不可欠な役割を担っており，行動計量学の問題だけではない．物理的測定においては，測定は一次元的になされることが多いが，人間の行動を扱う科学においては，多次元的な測定が行われることが多い（Krantz, Luce, Suppes, & Tversky, 1971）．たとえば，意思決定の測定では，ひとつの選択現象を扱っても事象に対する主観確率と結果に対する効用や価値の両方を測定していることがある．また，測定は，数量的な表現を前提とし，計量心理学や尺度理論などのように間隔尺度や比率尺度を仮定した

計量可能な数的関係を前提にした測定理論が従来から用いられてきたが，現象の質的な関係や順序関係などの公理および測定から，定性的関係や定量的関係を導出するような方法も存在する．このような公理的アプローチによる測定論は，数的表現を適切であると保障するような経験的法則（すなわちその公理）に関心があり，計量心理学などの方法は数的表現を発見する方法に関心があり，そのアプローチの狙いが異なっている．公理によって示される経験的関係構造から数的関係構造へのきちんと定義された対応関係がなければ，計測された「数値」の意味付けがはっきりしないものになる．その意味で，特定の計測法が正しいかどうかの方法を示す意味で，公理的アプローチは重要な役割を担っている．

1.2 意思決定の処方の考え方

この意思決定を扱う学問にはさまざまなものがある．たとえば，どのような分野の意思決定かという分類もある．消費者の意思決定は，経済学や経営学で扱われるし，政治家の意思決定は政治学で，裁判官の意思決定は法学で，というように扱われる．しかし，もう少し別の観点から意思決定の学問をみてみると，基本的に，意思決定理論は規範理論（normative theory）と記述理論（descriptive theory）との2つに大別されることが多い（広田・増田・坂上，2002；小橋，1988；佐伯，1986）．前者は，良い意思決定は何かを考えて，どのようにしたら良い意思決定ができるかを説く理論であり，後者は，人間が実際にどのような意思決定をしているのかということを説明する理論である．規範理論であっても，ある程度は実際の人間の意思決定の性質を反映させており，記述理論であっても，実際の人間は良い意思決定を目指していると言えるので，厳密に両者を区別することはできない．しかし，規範理論と記述理論は区別されて扱われる．規範理論は，経済学，法学，哲学でも考えられているし，記述理論は，主として心理学の領域で考えられている．意思決定の研究においては，伝統的に規範理論の研究が先行し，そこでの理論と実際の人間の意思決定行動を比較する形で，記述的な理論研究である行動意思決定論研究がなされるようになってきた（小橋，1988）．

規範理論をもとにする規範的アプローチと記述理論をもとにする記述的アプローチに対する第3のものとして，処方的アプローチ（prescriptive approach）と呼ばれるものがある（Bell, Raiffa, & Tversky, 1988）．ここで，処方というのは，医師が出す処方箋（prescription）という語から来ている．処方的アプローチは，合理的な意思決定を支援することを目標とするが，現実の問題状況にあわせて，意思決定をサポートするためのアプローチである．このアプローチは，キーニーとライファ（Keeney & Raiffa, 1976）が多目的意思決定の支援のための方法として用いている．社会における合意形成，経営意思決定など，現実の意思決定問題においては，厳密な規範理論を打ち立てることもできないことがあり，規範理論だけによるアプローチが不可能であることもあり，また，記述理論のように，記述だけを行うという態度では問題解決ができないこともある．処方的アプローチは「心がないような，想像上の，理想化された，超合理的な人々ではなく，実際の人々が，深い認知的な関心をそこなうことなく，どのようにしてより良い意思決定を行えるか？（Bell et al., 1988, p.9）」という問題意識のもとでのアプローチである．ベルらによると，処方的アプローチは，規範理論や記述理論の論理的帰結を利用するものではあるが，「規範的分析と記述的分析の精神とは異なった何か別のものが加えられる（Bell et al., 1988, p.9）」のである．

　意思決定の処方的アプローチについて，他の2つのアプローチとの比較をもとにさらに説明を加えてみる．規範的アプローチは，「人々の意思決定は，どのようにあるべきなのか？」という問に答えるための研究であり，「合理性」の概念を軸としつつ，主として数学を援用しながら議論を重ねる経済学的行動研究がその例としてあげられる．合理的意思決定において，意思決定問題の言語的表現の仕方のような非本質的な要因によって意思決定が左右されることは望ましいことではないと考える．たとえば，トゥベルスキーとカーネマン（Tversky & Kahneman, 1981）が提示した意思決定問題を少し変えて，以下のような深刻な意思決定問題を考えてみる．600人が住むある地域で大きな事故があり多くの人々が被災し，このための救助策として以下のような案が考えられた．A案は，住民全員が生存できる確率が3分の2であるが全員が生存できない確率が3分の1ある．B案は，住民の3分の2が確実に助かるが3分の

1 は確実に助からない．どちらの案を採用することが規範的に望ましいのか．このような記述だけでは深刻な意思決定はできない．しかし，下記のような別の表現で意思決定問題を記述すると意思決定のあり方が大分変わってくる．すなわち，A′ 案は，住民全員が死亡しない確率は 3 分の 2 であるが全員が死亡する確率が 3 分の 1 ある．B′ 案は，住民の 3 分の 2 が確実に死亡しないが，3 分の 1 が確実に死亡する．このような表現をとると，B′ 案よりも A′ 案のほうが，より望ましい意思決定に見えてくる．このとき，規範的意思決定論では，意思決定問題の言語表現によって，望ましい決定が変わってしまうことは，合理性がないと指摘する．

　もうひとつ例を加えてみる．病院で検査をしたら，疾病が見つかり医師から手術を勧められている状況を想像してみよう．医師は，「これまで 1000 人の手術をして，950 人が 5 年以上生存されているから，大丈夫ですよ」と言った場合と，「これまで 1000 人の手術をして，50 人が 5 年未満でお亡くなりになられていますが，大丈夫ですよ」と言った場合を考えてみよう．このような言い方によって，手術の意思決定を変えることは合理的でないと規範的アプローチは指摘する．

　他方，記述的アプローチは，「人々の意思決定は，どのようになっているのか？」という問いに答えるための研究であり，心理学的行動研究がその例としてあげられるが，心理学の典型的な研究にあるように，上記の意思決定問題では，A 案を何パーセントの人々が選び，A′ 案を何パーセントの人が選び，条件間で有意差があったかどうかなどという記述を主としている．このような実験や調査をくり返すことで，人間の意思決定の理解は相当深まるが，このような記述的研究を続けていても，どのように意思決定したらよいのかという答えには直接にはつながらない．

　処方的アプローチでは，このような例に示される非一貫的な意思決定に出会ったときに，どのようにして，この矛盾をとらえて望ましい意思決定に持っていけるのかということを考える．記述的アプローチのように意思決定のあり方を具体的にとらえ，詳細な記述をすることを主目的にするのではなく，具体的な指針を考えるうえで単純な記述を与えて，望ましい意思決定を考えていく．また，規範的アプローチのように，期待値を計算して望ましいものを選べとか，

効用の期待値を計算しようというような示唆を与えることではなく，どのように意思決定を理解して，どのようにすると望ましい意思決定ができるのか，どのようにしたら，人々の意思決定の非一貫性に気づかせることができるかなどの具体的な示唆を与えることを中心に考えていく．処方的アプローチは，いわば，記述的アプローチと規範的アプローチの折衷的なアプローチではあるが，どちらかに還元できるものではない．

　社会科学研究者の多くが考えるであろう意思決定研究の王道は，おそらく，「記述的研究」と「規範的研究」であり，「処方的研究」はどちらかといえば「おまけ」のようなものととらえられがちである．なぜなら，処方的意思決定研究では，記述的行動研究が目指す「人間行動についての深い理解」も，規範的行動研究が目指す「行動に関わる矛盾無き論理体系の構築」も達成できないものであり，それ故に，どちらかと言えば中途半端で退屈な研究に思えてしまうのかもしれない．事実，著者らも，意思決定の研究を始めた当初は，そのような印象を持っていた．しかし，意思決定の研究を通じて，現実の社会問題について考える中で，「処方的 (prescriptive) 研究」の重要性を痛感するようになった．処方的研究は，「人々の意思決定があるべき姿に近づくために，いかにすべきなのか？」という極めて現実的な問いを考える研究であり，倫理学や哲学などとも密接な関係を持っているのである．倫理学は，まさに「いかに生きるか」を考える学問であり，ニコマコス倫理学において，アリストテレスが示唆するように，いかに意思決定を行うかということを考える学問でもある．また，哲学は，世界についての認識の学問ではあるが，その問題認識が，いかに生きるかという問題とも重ね合わせて考えられることが多い．このような点で，処方的研究は，倫理学や哲学のような人文学とも深い関係を持ちながら，工学のような現実的な研究とも密接な関係を持っており，規範的研究や記述的研究の「おまけ」のようなものではなく，また，別種のアプローチでもあると考えることができるのである．

　いかに意思決定すべきか——．この問いは，「記述的」な問いでも，「規範的」な問いでもない．それは，紛う事なき「処方的」な問いである．ただし，「いかに生きるべきか」を考えるためには，人間とはいかなるものなのかという「記述的」な問いに答えなければならない．さらには，目標としての理想の生き方

とは何かという「規範的」な問いにも答えなければならない．そうした記述的な問いと規範的な問いの両者を深く理解した時に初めて，いかに意思決定をすべきかという処方的問いに答える準備が整うのである．

著者らは，このように理解して以来，意思決定研究における処方的アプローチの重要性を改めて強く感じるようになった．処方的研究の立場をとることではじめて，人間の意思決定行動を深く，かつ，多面的にとらえることができるのではないかと思えるようになったのである．確かに，一面において，我々の意思決定行動は数式で表現できる．しかし，鳥や虫の声を聞きながら，数式では表現し得ぬ，えも言えぬ幸せな気分に浸る時もある．その一方で，まったく感情にまかせて行動しているようでも，結局は特定の数式に従っているかのように行動していることもある．人間がそうした合理的なのか非合理的なのか単純には決定できない両義的な存在である以上，単一の視点のみで意思決定の研究を進めることには，危険性を感じるのである．記述的に「生身の意思決定者」を理解しつつ，規範的な「良き意思決定」の実現を目指す──．そうした処方的行動研究を重ねたときにはじめて，人間存在に関する全的な理解が，少しずつ深められていくように思えるのである．

本書では，意思決定の記述的理論として，状況依存的焦点モデル（contingent focus model）を提案している．このモデルは，記述的ではあるが，意思決定を完全に詳細に記述したものではなく，あくまでも近似的で単純な意思決定の表現にすぎない．また，このモデルは，人間の意思決定のさまざまな状況依存性を説明するものであり，必ずしも規範的な意思決定を導くものではない．しかし，近似的で単純な意思決定の表現をすることによって，意思決定の処方を導きやすくするのではないかと考えている．

1.3 状況依存的焦点モデル

本書では，人々の意思決定を処方的に考えていく際に，人間の意思決定の状況依存性に着目する．状況依存性というのは，意思決定者が置かれた状況に応じて，意思決定の結果が変化することである．ここで言う「状況」というのは，客観的に定義できる状況であっても，まったく同じ客観的状況であっても心理

的に構成された状況であってもよい．この状況による依存性を，状況に依存するフレーム（frame）の観点からとらえようとする．フレームというのは，判断と意思決定における心理的枠組のことである．同じ山を描くにしてもどのようなフレーム（枠組）でとらえるかによって，山の印象がまったく異なるように，同じブランドを記述する場合でも，フレームのとり方によってはまったく異なる印象を与えることがある．たとえば，先ほどの救助案や手術の例で示したような問題でも，どのような言い方をするかによって，意思決定のフレームが変わると考えられるのである．

「100人の顧客がこのブランドを使用しましたが，商品アンケートの結果，90人の方がこのブランドに満足されていました（ポジティブ・フレーム）」と述べるのと，「100人の顧客がこのブランドを使用しましたが，商品アンケートの結果，10人の方がこのブランドに不満を持っていました（ネガティブ・フレーム）」と述べるのでは，当該ブランドについての印象は変わるであろうし，購買の意向も変わってくると考えられる．

なぜ，フレームの観点で意思決定をとらえるかというと，まったく同じ意思決定問題であっても，心的枠組であるフレームによって意思決定が変わってしまうことが多いからである．まったく同じ対象であっても，フレームによって意思決定結果が変わってしまうという現象は，フレーミング効果（framing effect）と呼ばれるが（Tversky & Kahneman, 1981），経済学やその他の社会科学における「記述普遍性」に抵触するので，理論的にその解明が待たれている（竹村，1994）．また，マーケティングなどの実務においても，同じ対象なのに，広告によるフレームの与え方によって魅力的な商品に見えたり，見えなかったりすることは，これまで経験的に知られており，その制御をすることは重要な問題であると思われる．あるいは，フレーミング効果がよく生じるのは，政治の世界である．政治家の失言といわれるものは，その意味することはそれほど問題がないことが多い．むしろ，国民は，意味する外延的な内容ではなく，その言語表現やその背後にあるフレームを問題にしている．本書では，フレームの観点に立って，意思決定者が，言語表現や文脈情報に基づいてフレームを変化させ，そのことによって，意思決定を劇的に変化させる現象を説明することを試みる．

フレームの概念は，人工知能の研究分野でも用いられることがあったが，判断と意思決定の研究において，この概念を組織的に取り入れ，フレームによる選好逆転現象であるフレーミング効果を組織的に研究したのが，トゥベルスキーとカーネマン（Tversky & Kahneman, 1981）である．彼らは，わずかな言語表現の相違がフレームの変化を引き起こし，ドラマチックな選好の逆転を生じさせることを，素人の判断や意思決定だけでなく，医師の専門的な事例においても見出している．また，フレーミング効果は，さまざまな領域で見出されている（竹村，1994；藤井・竹村，2001 参照）．

フレーミング効果を理論的，かつ，数理的に説明する代表的な理論が，カーネマンとトゥベルスキー（Kahneman & Tversky, 1979）やトゥベルスキーとカーネマン（Tversky & Kahneman, 1992）によるプロスペクト理論である．プロスペクト理論は，期待効用理論と同様に，リスクの存在する複数の選択肢からの選択を記述する理論であり，個々の選択肢の価値を特定の価値関数で定式化する．そして，意思決定者は最大の価値を与える選択肢を選択するものと仮定する．

効用理論とプロスペクト理論の最も重要な相違点は"結果"の定義の仕方にある．効用理論では結果は常に原点からの乖離量として定義される．一方で，プロスペクト理論では結果の評価は心理学的な原点である参照点からの乖離量として定義される．そして，意思決定者は利得（gain）あるいは損失（loss）のいずれかとして結果を評価するものと考える．たとえば，意思決定者は上述の対策 A の結果を 200 人の利得（すなわち，生存）として評価するが，対策 A′ の結果については 400 人の損失（すなわち，死亡）として評価する，と仮定する．さらにプロスペクト理論は，意思決定者が利得を評価する際にはリスク回避となり，損失を評価する際にはリスク志向となるものと仮定する．こうして，プロスペクト理論は，結果を利得として記述するポジティブフレーム条件ではリスク回避に，損失として記述するネガティブフレーム条件ではリスク志向となることが原因で，フレーム効果が現れると説明する．

このフレーム効果の説明からも自明なように，プロスペクト理論では参照点の存在が極めて重要な位置を占めている．意思決定が依存するリスク態度は結果と参照点との相対的関係に依存しているのであるから，意思決定は参照点に

依存しているといっても過言ではない．このことは，個々の意思決定をプロスペクト理論に基づいて客観的，かつ，数理的に記述することを目指した場合，参照点の位置を特定することが不可欠であることを含意している．ところが，トゥベルスキーとカーネマン（1981, p.453）は，この点に関しては次のような定性的な見解を述べるにとどめている：「意思決定者が用いる心的構成（フレーム）は選択問題の形式，あるいは，意思決定者の規範，習慣，あるいは，個人的特性に依存する」．

この点に着目し，フィッシュホフ（Fischhoff, 1983）はプロスペクト理論が正しいという前提の下で，選択結果から参照点の位置を理論的に特定化することを目指した．ところが，多くの被験者において参照点の位置を特定化することに成功することはなかった．また，参照点についての被験者自らの事後報告値が選択結果から推測される参照点と一致しないという事態も多く見出している．

さらに，プロスペクト理論は唯一の参照点を仮定しているが，意思決定の参照点が必ずしも1つであるとは限らない．竹村（1998）の心的モノサシ理論が主張するように，意思決定者が複数の参照点を持つ可能性も十二分に考えられる．実際，アジア病気問題の被験者を対象としたプロトコル分析では，4割強の意思決定者（12人中5人）が2つの意思決定問題のうちの少なくとも1つにおいて複数の参照点に基づいて意思決定を行っていることが報告されている（Maule, 1989）．

このように，プロスペクト理論はフレーム効果を理論的に説明することはできるものの，参照点の特定化の問題（Fischhoff, 1983），複数の参照点の存在可能性の問題（Maule, 1989；竹村，1998）という2つの理由のために，行動的意思決定を計量的に記述するための理論として活用することが難しい，ということが懸念される．また，処方的な意思決定を考えた場合，プロスペクト理論は，非線形効用理論という非加法的な測度に関するショケ積分といわれる方法を用いており，計量的方法をとると多くのパラメータを推定しないといけないため計算も複雑であり，適用があまり容易ではない．

このような問題をある程度回避するために，フレーミング効果を説明する，状況依存的焦点モデルが竹村（1994）によって提案されている．このモデルで

は，フレーミング効果が現れるのは必ずしもプロスペクト理論が主張するように参照点が変化するためではなく，結果の価値と不確実性への焦点の当て方が状況によって変わるために生じると考える．そして，ポジティブフレーム条件では可能な結果の価値よりも確実性に相対的な重みをかけるためにリスク回避になり，ネガティブフレーム条件では不確実性の減少よりも可能な結果の価値に相対的な重みをかけるためにリスク志向になると考える．

　状況依存的焦点モデルは，プロスペクト理論，期待効用理論と同様に複数の結果が確率的に生じうるリスク下の意思決定を取り扱う．そして個々の結果について，その生起確率 P とその結果の水準 X に応じて，以下のような価値関数 $U(X, P)$ を仮定する．意思決定者は，この価値関数 $U(X, P)$ に基づいて，意思決定を行うものと考える．

$$U(X, P) = F(X)^a G(P)^{(1-a)} \tag{1.1}$$

ここに，$F(\ )$ は，結果 X の価値を主観的に変換する関数，$G(\ )$ は確率 P を主観的に変換する関数である．そして，a は 0〜1 までの値を取る焦点パラメータであり，結果に対する注意量に依存して変化すると仮定される．結果に対する注意量が最大値を取る場合，すなわち，結果のみを考慮して意思決定を行う場合 1 となる．この場合，この意思決定者は極端にリスク志向型となる．逆に，結果に対する注意量が最小値を取り，結果が完全に無視される場合には 0 となる．この場合，意思決定は極端なリスク回避者である．以上の焦点パラメータについての仮説は，焦点化仮説（竹村・藤井，1999）と呼称される．さらに，焦点パラメータはさまざまな文脈的要因に影響を受けるものと考えられる．これが焦点化の状況依存性仮説（竹村・藤井，1999）であり，以下のように記述できる．

$$a = \Psi(\theta) \tag{1.2}$$

すなわち，a は 0〜1 までの値を取る焦点パラメータであり，θ は状況要因のベクトル変数であり，Ψ は状況要因から焦点パラメータを規定する実数値関数である．これを図示すると図 1.1 のようになる．

　なぜこのような状況依存的焦点モデルを処方的アプローチに用いるかというと，モデルが非常に単純であるからである．(1.1) 式の両辺の対数をとると，下記のようになる．

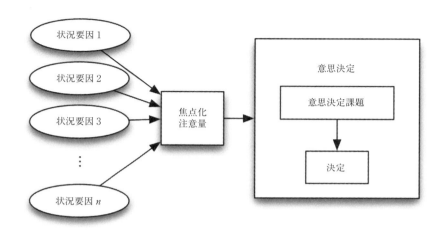

図 1.1 状況依存的焦点モデルの概念図

$$\log U(X, P) = a \log F(X) + (1-a) \log G(P) \tag{1.3}$$

すなわち，焦点パラメータの重みづけの割合によって，意思決定が決まるとも考えることができるのである．このようなモデルは，極めて単純であり，注意を喚起させることによって，意思決定のリスク態度などにも影響を及ぼせることを示唆している．処方的アプローチでは意思決定の記述を行う必要があるが，複雑な表現をすると大まかに現象をとらえることが困難なこともあり，また，処方的なアプローチをとる際には単純なモデルでのパラメータへの操作を考えるほうが容易である．

この状況依存的焦点モデルは，記述的レベルでも完全ではなく，大まかな表現を与えるにすぎない．また，同時に，このモデルは規範的でもない．状況依存的焦点モデルでは，期待効用モデルとは異なる意思決定を表現するが，状況によってリスク態度も変わることになり，期待効用理論のような一貫性や整合性を備えているわけではなく，このモデルに従うことがただちに規範的とは言えない．その意味で，このモデルは，完全に記述的でもなく，規範的でもない．ただ，いろいろな意思決定現象を，焦点パラメータの変化としてとらえることができるために，記述理論としての単純性と処方的アプローチをするうえでの操作容易性を保持していると考えることができる．

Part I
状況依存的焦点モデルの論理

　第I部においては，状況依存的焦点モデルの基本的な考え方と，その数理心理学的な論理構成を述べる．この数理心理学的な論理構成をわかりやすく述べるために，公理的測定論の観点から，意思決定現象を解説し，加法コンジョイント系，期待効用理論，プロスペクト理論などの代表的意思決定理論についても解説を行う．

　状況依存的焦点モデルは，状況によって意思決定の結果が変わってしまうという状況依存的な意思決定現象を単純に説明しようとしている．状況依存的焦点モデルは，結果と確率についての「注意」によって，フレーミング効果や反射効果のような選好逆転現象を説明する．一部では，このモデルの認知的基礎とその数理心理学的な基礎について解説する．また，このモデルの可能性やその限界についても解説する．

2

選好の順序づけと測定

2.1 順序づけの判断の状況

　人々の意思決定の基礎になっているのは，選好（preference）である．簡単に言うと好みである．ある対象への好みの判断は，多くの場合順序づけすることができる．

　この章では，好みの順序づけの判断をどのように測定できるかということについて解説し，測定というものをどのように考えることができるかを説明したい．

　簡単のために，次のような判断の状況を想定してみよう．

　蘭子さんは，下の図 2.1 のように，リンゴとミカンを，手に持って重さを比べている．リンゴとミカンとではどちらが重いか？　心理学の実験では，このような比較判断の特徴を調べるために，いくつかの分銅を，目をつぶって，両手に持ち，どちらが重いか判断するような実験をして，どの程度，重さの違いがわかるかということを検討することがある．

　それでは，もう少し，現実的で重大な判断について考えてみよう．花子さんは，学生時代からしばらく付き合った太郎君からプロポーズされ，それとほぼ同時に，新しい職場で出会った次郎さんからも，プロポーズされた．花子さんは，ちょっと二股をかけているような気もするが，どちらがいいのか，どちらとも決められないのか，両方とも断るか，など

図 2.1　比較するということ

と考えている．結局，長いこと付き合った太郎さんの方が，次郎さんよりいいかなと考えている．

また，別の状況を考えてみよう．太郎さんは，職場の帰りにデパートに寄って，売り場で新しいジャケットを買おうかどうか考えている．ブランドA，ブランドB，ブランドCがあって，試着したところ，一番いいのがブランドAで，最後がCかなと思っている．

このような社会的意思決定の状況も考えられる．政府が税金を投入して公共投資をすることが経済の発展につながるのか，むしろ公共投資を少なくして赤字を削減することが経済の発展につながるのか，どうかを考えるというような国の政策に関する選好判断である．

以上のような状況は，いずれも選好の順序づけの判断の状況である．こんな状況は，日常生活においては，結構あるのではないだろうか．また，日常生活でなくても，入試や採用試験，人事考課，投票行動などにおいても，選好順序づけの判断は，現代社会では頻繁に行われている．さらに，これらの順序づけの判断の状況は，人間の「こころ」と最も関連があると思われる判断の状況でもある．

このような状況では，あまりにもストレスがかかりすぎて，比較がそもそも不可能で順序づけがまったくできないということもあり得るが，順序くらいは時間があれば大体つけられる場合が多いだろう．このようにつけられた順序は，何を表しているのだろうか．心理学の研究の多くでは，順位づけされた結果をもとに，数量化を行ったりしているが，そんなことに意味があるのであろうか．順序づけということは，あくまでも定性的な現象なので，数量化には馴染まないのではないか．そのような疑問を持たれるのももっともなことであると考える．

この章では，人間の定性的判断である順序づけの問題に焦点を当てて，どのようにこの順序づけの結果を数量に表現できるのかということを説明する．また，このような順序づけの判断を例にとって，測定を行うということはどのようなことなのかを，公理的測定論の観点から説明する．

2.2 順序づけの判断の様相

2.2.1 関係の認識と集合論

人間の判断は，どのようなものであるかということは，古代インド，古代中国，古代ギリシャにおいても，さまざまな人々によって，考察されている．基本的には，判断というのは，関係の認識から始まる．

関係の認識というのは，どのように表現できるだろうか．たとえば，こんな状況を考えてみよう．お皿に，リンゴとミカンが載っている．そこに，太郎と次郎という2人の少年が現れて，太郎はリンゴを食べて，次郎はミカンを食べた．お皿には，{リンゴ，ミカン}という集合があり，人物には，{太郎，次郎}という集合があり，誰が何を食べるかと言うことの可能性として考えられるのは，お皿と人物の集合の組み合わせの集合，{(リンゴ，太郎)，(リンゴ，次郎)，(ミカン，太郎)，(ミカン，次郎)}である．すなわち，リンゴを太郎が食べたり，リンゴを次郎が食べたり，ミカンを太郎が食べたり，ミカンを次郎が食べるというような可能性である．集合論では，このような2つの集合の組み合わせを直積集合と呼んでおり，起こりうる可能性を示していると言える．

ここで，この直積集合の一部分（部分集合という）をとって，この集合を$R=\{$(リンゴ，太郎)，(ミカン，次郎)$\}$としてみよう．この集合は何を示すかと言うと，リンゴを太郎が食べ，ミカンを次郎が食べるという関係を表現していると考えることができる．こんな風に考えると，可能性を示す直積集合の部分集合Rというものによって，太郎と次郎という登場人物と，お皿の上のリンゴとミカンの関係が表現できることになる．集合論というのは，数学で用いられる理論であるが，抽象的な理論を使うことによって，判断の基礎となる関係性を表現できるのである．もう少し抽象的に別の角度から，関係性を記述すると，ある順序対(x,y)がRに属していることを，xがyとRの関係にあると言うことができるのである．このとき，xがyとRの関係にあることを，xRyと記述する．

この例では，人物と果物という2つの集合の関係を扱ったので，この関係は，2項関係と言うことができる．さらに，たとえば，別の果物の載ったお皿の集

合というものを考えて，太郎と次郎が2つ目のお皿に載った果物のうち何を食べたかと言うことも，直積集合の部分集合で表現することができるのである．この場合，3項関係で関係性を表現できるのである．一般に，関係は，n項関係で表現できるのである．

2.2.2 順序づけと比較判断

このように関係性を集合論的に考えることができることを示したが，対象に対する順位づけはどのように表現できるのであろうか．非常に簡単な順位づけの判断は，2つの対象を比べて，高いか低いか，大きいか小さいか，あるいは違うか同じかなどの2値的な判断をするような状況である．たとえば，2つの線分の長さを比べて，長いか長くないかというような判断があげられる．このような2値的な判断は，一見すると順序づけ的ではないかもしれないが，ある面で比較判断をしていることになり，順序づけの判断の基礎をなすものであると考えることができる．もう少し違う例で言うと，2つの対象を比べて，どちらが好きかを選ぶような場合である．順序づけというとたくさんの対象に順序をつけるような状況を考えられるかもしれないが，非常に基礎的な観点からすると，順序づけは2つの対象の比較から生じているとみなすことができる．ここでは，このような非常に単純な2つの対象間の比較判断を順序づけの判断としてとらえることにする．

このような順序づけの判断は，ある対象の集まり（集合）の要素の中での比較判断の結果であると考えることができる．先ほどの直積集合の考え方を用いると，対象の集合の直積集合を考えて，その部分集合で比較判断の結果を表現することができるのである．上の例で言うと，$X=\{リンゴ，ミカン\}$という2つの要素のある集合Xを考え，直積集合を作ると，$X \times X=\{(リンゴ，リンゴ)$，$(リンゴ，ミカン)，(ミカン，リンゴ)，(ミカン，ミカン)\}$となる．そして，たとえば，$R=\{(リンゴ，ミカン)\}$とすると，リンゴはミカンよりも好きという比較判断の結果を表現できる．

2.2.3 比較判断のさまざまな形

比較判断というものはさまざまな形がある．通常の心理学では，強制選択法

といって 2 つの選択肢を示して,「どちらかを選んでください」というような判断を求める場合があるが,しかし,いずれも答えられないということが実際には起こりうる.また,比較判断をしても対象にきれいに順番がつけられるとも限らない.そこで,以下のような判断の性質を分ける基準をリストしてみる.

（1）完備性（比較可能性）　これは,判断をする場合,xRy または yRx の少なくともいずれかが成り立つということで,たとえば,果物の集合を X として,xRy を x より y がより好きか無差別という関係にした場合,バナナはイチゴより好きか無差別,イチゴはバナナより好きか無差別という風に決められる場合である.「どちらが好きなのか無差別かもわからない」という場合は,比較可能ではなく,完備性を満たさない.

（2）反射性　同じ対象の比較判断においては,常に xRx というような関係が持てることである.たとえば,果物の集合を X として,R を同じくらい好きという関係にした場合,バナナとバナナは同じくらい好きなので,反射性を満たしている.

（3）対称性　比較判断をするときに,対象の順序関係を逆転させたときも,xRz ならば zRx のように同じ関係が得られることである.たとえば,果物の集合を X として,R を同じくらい好きという関係にした場合,バナナはイチゴと同じくらい好きならば,イチゴもバナナと同じくらい好きなので,対称性を満たしている.

（4）反対称性　比較判断をするときに,対象の順序関係を逆転させたら,xRz かつ zRx のように同じ関係が得られる場合,必ず $x=z$ となると反対称性を満たしている.たとえば,これは,実数の集合を X として,大きさが等しい関係を R とした場合,この関係を満たしていることがわかる.しかし,たとえば,果物の集合を X として,R を同じくらい好きという関係にした場合,バナナはイチゴと同じくらい好きでも,イチゴ＝バナナとはならないので,反対称性は満たしていない.

（5）推移性　これは,要素 x, y, z に対して,xRy, yRz ならば xRz のように,推移関係が成り立つことである.たとえば,果物の集合を X として,xRy を x より y がより好きか無差別という関係にした場合,バナナはイチゴより好きか無差別,イチゴはミカンより好きか無差別ならば,バナナはミカン

より好きか無差別という関係がある場合には，推移性を満たしている．あるいは，天秤による重さの測定などで，物体 x の重さが y より重いという関係を xRy と記述し，x が y より重く，y が z より重ければ，x は z より重いということは，天秤が機能している限り成り立つ．また，推移性が成り立たない場合は，三すくみの関係であり，たとえば，じゃんけんの強さの関係を＞とすると，グー，チョキ，パーの関係は，グー＞チョキ，チョキ＞パーとなるが，グー＞パーとならないので，＞は推移性を満たさないのである．

2.2.4　同値関係と順序関係

このようなさまざまな比較判断の様相を理論的に考える際に，同値関係（equivalence relation）というのを考えて，数学的な証明を行ったりすると，あとの考察が楽になるので，この関係を導入する．同値関係とは，反射性，対称性，推移性を満たす 2 項関係のことである．同値関係によって集合をまとめたものを同値類（equivalence class）という．また，同値関係 R により得られる同値類の集合を，X の R による商集合，あるいは，同値類集合と呼び，X/R で表している．たとえば，性別を同じくするという同値関係 R は，人間の集合 X を，男と女という 2 つの同値類からなる同値類集合に分割する．

一口に順序関係と言っても，さまざまなものがある．ここで，順序関係として，半順序，弱順序，全順序というものがあることを指摘しよう．反射性と推移性を満たす 2 項関係を半順序（partial order）と言い，完備性と推移性を満たす 2 項関係を弱順序（weak order），完備性，推移性，反対称性を満たす 2 項関係を全順序（total order）と言っている．全順序でない弱順序を厳密な弱順序，弱順序でない半順序を厳密な半順序と呼ぶことがある．また，これらの半順序，弱順序，全順序を総称して，順序と呼ぶ．このことから，半順序は弱順序を含み，弱順序は全順序を含んでいることがわかる．

たとえば，有理数や実数の大小関係は全順序であり，「学年が上ではない」という関係は厳密な弱順序である．また，「学年が上ではなく，かつ，年齢も上ではない」という関係を「君で呼べる関係」としていずれかが満たされていないときは「君で呼べない関係」としたとき，「君で呼べる関係」は半順序である．

2.3 関係系と順位づけの数量化

ここで，まず，順位づけの構造的特徴を把握するために関係系という概念を導入しよう．ある1つの集合と，その要素，部分集合，その上の関係などの性質を規定した集合を関係系（relational system）あるいは数学的構造（mathematical structure）と呼ぶ．たとえば，集合 X 上の2項関係 R は，$\langle X, R \rangle$ で表現することができる．

順序づけの関係は，関係系として表現できる．順序づけの関係は，好き嫌いの選好関係などにおいても現れる．対象の集合 X 上の意思決定者の選好関係 $\succsim$ を考えてみる．$<X, \succsim>$ は，関係系であり，選好に関する関係系なので選好構造と呼ばれることがある．この選好関係 $\succsim$ は，弱順序であったり，半順序であったり，全順序であったり，その他の比較判断の性質を持っていると仮定しても良い．

つぎに，順序づけの関係をどうして数量化できるのかということを考えてみる．

まず順序づけの関係が全順序 $\succsim^T$ である場合を考えると，以下のような定理が成り立つことがわかっている．証明はこの章の最後の節で行うが，その定理とその意味することを概説する．

全順序の数量化に関する定理（有限集合の場合）「有限集合 X 上の関係系 $\langle X, \succsim^T \rangle$ が全順序である時，かつその時に限り，X 上の実数値関数 $\phi: X \to Re$ が存在して，X の任意の要素 x, y について，$x \succsim^T y$ ならば，$\phi(x) \geq \phi(y)$ が成り立ち，かつ，$\phi(x) \geq \phi(y)$ ならば $x \succsim^T y$ が成り立つ」

すなわち，この定理は，対象が有限である場合，全順序であるような判断をした場合，その判断の関係を実数値をとる関数 $\phi(x)$ と $\phi(y)$ の大小関係で表現できるということを意味しているのである．すなわち，定性的な全順序の判断を数量化して考えても，その量の大小関係を考えるだけで良いことを示している．このような定理があるから，全順序関係の数量化が妥当性を持つと考えることができるのである．

上記の定理は，対象が可算無限集合の場合にも拡張できる．可算無限集合と

は，集合の要素を $1, 2, 3, \cdots$ とどんどん数えていって無限まで持っていけるような集合である．すなわち，可算無限集合は，自然数全体の集合と一対一対応のつく集合になる．なお，自然数，整数，有理数は可算無限集合であるが，実数は，可算無限集合ではなく非可算無限集合である．

全順序の数量化に関する定理（可算無限集合の場合） 「可算無限集合 X 上の関係系 $\langle X, \gtrsim^T \rangle$ が全順序である時，かつその時に限り，X 上の実数値関数 $\phi: X \to Re$ が存在して，X の任意の要素 x, y について，$x \gtrsim^T y$ ならば，$\phi(x) \geq \phi(y)$ が成り立ち，かつ，$\phi(x) \geq \phi(y)$ ならば $x \gtrsim^T y$ が成り立つ．」

全順序の場合は，反対称性が成立しているので，比較判断の結果，無差別となったとしたら，その対象は同じものでなければならない．しかし，順序づけが無差別だからと言って，対象は同じとは限らない．たとえば，選好関係においては，牛丼とカツ丼の選好度合いが同じくらい好きだからといって，牛丼＝カツ丼ではないからである．そこで，このような反対称性を条件から抜いた弱順序の数量化について考えてみる．まず，対象の集合 X が有限で，関係系 $\langle X, \gtrsim \rangle$ が弱順序であることを仮定すると，以下の定理が得られる．

弱順序の数量化に関する定理（有限集合の場合） 有限集合 X 上の関係系 $\langle X, \gtrsim \rangle$ が弱順序である時，かつその時に限り，X 上の実数値関数 $\phi: X \to Re$ が存在して，X の任意の要素 x, y について，$x \gtrsim y$ ならば，$\phi(x) \geq \phi(y)$ が成り立ち，かつ，$\phi(x) \geq \phi(y)$ ならば $x \gtrsim y$ が成り立つ．

すなわち，この定理は，弱順序であるような判断をした場合，その判断の関係を保存するような実数値をとる関数で表現できるということを意味しているのである．すなわち，定性的な弱順序の判断を数量化して考えることができることを示している．

上記の定理は，可算無限集合の場合にも拡張できる．

弱順序の数量化に関する定理（可算無限集合の場合） 可算無限集合 X 上の関係系 $\langle X, \gtrsim \rangle$ が弱順序である時，かつその時に限り，X 上の実数値関数 $\phi: X \to Re$ が存在して，X の任意の要素 x, y について，$x \gtrsim y$ ならば，$\phi(x) \geq \phi(y)$ が成り立ち，かつ，$\phi(x) \geq \phi(y)$ ならば $x \gtrsim y$ が成り立つ．

上記の定理は，可算無限集合の場合のものであり，非可算無限集合においては，一般には成立しないが，ある条件をつけると成り立つことがわかっている

(Krantz, Luce, Suppes, & Tversky, 1971).

2.4 公理的測定論と順序づけの数量化

2.4.1 測定とは何か

　測定（measurement）は，定性的研究，調査研究，観察，実験のいずれにおいても，その分析の基礎となるものである．測定は，抽象的に言うと，経験的に観察された対象間の諸関係をもとに，対象に数値を割り当て，経験的に得られた対象間の諸関係をその数値間の諸関係によって表現することであると考えることができる．

　この測定の問題を集合論などの現代数学の概念をもとにして公理的に体系化してゆく理論に，公理的測定論（axiomatic measurement theory）がある．公理的測定論は，先に述べた順序づけの数量化や，後の章で紹介するエクステンシブ測定（extensive measurement）やコンジョイント測定（conjoint measurement）などの心理測定（psychological measurement）の問題とも密接に関わっているし，多次元尺度などの尺度構成（scaling）の問題，そして，消費者の効用（utility）や選好（preference）のモデル化の問題とも密接に関わっている．

　この公理的測定理論の一般的考え方によると，測定とは，経験的関係系（empirical relational system）を，特定の数量的関係系（numerical relational system）に対応づけるということになる（Coombs, Dawes, & Tversky, 1970, Krantz, Lvce, Suppes, & Tversky, 1971）．まず，経験的関係というのは，経験的に観測された対象間の関係のことである．たとえば，ある消費者がブランドAよりBを選好するという選好関係は経験的関係である．たとえば，ブランドの集合Xを，$X=\{$ブランドA，ブランドB，ブランドC$\}$とする．このXの要素の2項関係のあらゆる組み合わせの集合である2元直積$X \times X$は，$X \times X=\{($ブランドA，ブランドA$)$ $($ブランドA，ブランドB$)$，$($ブランドA，ブランドC$)$ $($ブランドB，ブランドA$)$，$($ブランドB，ブランドB$)$，$($ブランドB，ブランドC$)$ $($ブランドC，ブランドA$)$，$($ブランドC，ブランドB$)$，$($ブランドC，ブランドC$)$，$($ブランドA，ブランドA$)$，$($ブランドB，ブランドB$)$，$($ブランドC，ブランドC$)\}$となる．ここで，順序対（ブランドA，

図 2.2　経験的関係系の数量的関係系への表現としての測定

ブランド B）を「ブランド A をブランド B より選好する」と解釈すると，ブランド間の選好比較が可能な場合の選好のすべての可能性を示したものと考えることができる．ただし直積集合ではすべての可能性を示しているので，「ブランド A をブランド B より選好し」，「ブランド B をブランド A より選好する」という矛盾が生じている．ブランドの選好実験の結果，ある消費者が，ブランド B よりブランド A を選好し，ブランド C よりブランド B を選好し，さらにブランド C よりブランド A を選好したとしよう．このとき，この選好関係を T とすると，$T=\{($ブランド A, ブランド B$), ($ブランド B, ブランド C$), ($ブランド A, ブランド C$)\}$ となる．したがって，明らかに，選好関係 T は $X \times X$ の部分集合となっていることがわかる．このように，選好関係などの経験的関係を対象の集合の直積の部分集合で表現することができ，また，経験的関係系を $\langle X, T \rangle$ と表現できる．さらに，同様の考え方で，数量的関係 R（たとえば，実数の大小関係 > など）も実数の集合（Re）の直積の部分集合で表現することができ，数量的関係系を $\langle Re, R \rangle$ で表現できる（図 2.2 参照）．

2.4.2　一意性と測定尺度水準

経験的関係系が数量的関係系によって表現されると，尺度構成が可能となる．ここで，尺度構成というのは，経験的関係系と数量的関係系に有意味な対応づけが可能になるように（この章の 3 節で述べる準同型による対応づけが可能になるように），ある数値を対象に付与することである．尺度構成によって得られた測定尺度の尺度値は，ある変換に関して許容される場合がある．どのような変換に関して許容できるかという問題，すなわち変換に関する一意性（uniqueness）の問題に関して，測定尺度の分類がなされている．

測定尺度の分類に関しては，以下の4分類が，測定理論においては一般的である．すなわち，対象が異なれば異なる数値を与えるような任意の実数値関数による変換に関して一意な名義尺度（nominal scale），任意の単調増大変換に関して一意な順序尺度（ordinal scale），任意の正の線型変換に関して一意な間隔尺度（interval scale），任意の正の定数倍変換に関して一意な比例尺度（ratio scale）である．なお，この4つの尺度のうち，名義尺度あるいは順序尺度で測定されたデータを定性的データ（qualitative data），間隔尺度あるいは比例尺度で測定されたデータを定量的データ（quantitative data）と呼ぶこともある．この4つの一般的分類の他に，いかなる変換も許されない絶対尺度（absolute scale）というものもあるが理論的に明らかになっていない部分が多いので，以下においては，上の4つの尺度についてのみ，具体的に説明する．

名義尺度（nominal scale）　名義尺度とは，調査対象をある特性表現にあてはまるか，あてはまらないか2分したり，いくつかのカテゴリーあるいはグループに振り分けたりするための尺度である．たとえば性別で振り分けるための男性・女性や，血液型で振り分けるためのA型・B型・AB型・O型などが名義尺度である．その際たとえば，男性に1，女性に2というコード番号をつけたとしても，その1と2の間には，2−1＝1といった量的な差や，2÷1＝2などの比例関係はない．ただし各々のカテゴリーにあてはまる場合は1，あてはまらない場合は0とみなすことによって量的データと同等に扱うことも可能である．調査対象をグルーピングする名義尺度をつくるときには，調査対象が必ずどれかのカテゴリーに含まれるようにしなければならない．この原則をカテゴリーの網羅性（exhaustiveness）という．また1人の回答者が同時に2つのカテゴリーに含まれないようにしなければならない．この原則を相互排他性（mutual exclusiveness）という．

順序尺度（ordinal scale）　単に1つの変数を質的に異なるいくつかのカテゴリーに分けるのではなく，それぞれのカテゴリーに好きな順とか買いたい順に1位，2位，…と序列をつけるのが順序尺度である．順位は方向性を持ち，2位よりも1位が良く，また3位よりも2位が良い．順序尺度ではこのようにカテゴリーに優劣を与え，またパーセンタイルを計算することができる．たとえば同タイプの製品に20のブランドがあり，自社最主力ブランドの想起順位

のパーセンタイルが下位からみて25とすれば，そこからただちに自社よりも想起がすぐれているブランドが75パーセントであることがわかる．しかし順位は計量的な単位ではないので，順位間の量的な差を推定することは難しい．したがって加減乗除の対象にはならないのであるが，実際には平均値や中央値を求めるなど，かなり恣意的な扱いがされている．順位を順位得点（rank score）（＝カテゴリー数－順位＋1）に変換して計量値と同等に扱う試みがその例である．また2つだけのカテゴリーに優劣をつけるのも順序尺度の1つである．カテゴリーが3つ以上でも，あえて2カテゴリーずつの異なる組み合わせに分解し，優劣判定をくり返す方法も採用される．これを1対比較尺度（paired-comparison scale）という．2つのカテゴリーのうち優のほうに1，劣に0の順位得点を与えた処理により，普通の順位尺度で測定したのと同じ結果を得ることができる．

間隔尺度（interval scale）　　単に優劣関係ではなく，優劣の差に量的な意味を持つのが間隔尺度である．たとえば温度計で35度と30度の差は25度と20度の差に等しい．また尺度が等しい間隔を持つと仮定すれば，「非常に良い」と「かなり良い」の差は「どちらともいえない」と「やや悪い」の差に等しい．平均値や分散も量的な意味を持つ．しかし絶対原点である0という値を持っておらず，原点と単位が任意に決められるために，40度は20度の2倍暑いとか，「かなり良い」は「やや良い」の2倍好きといった比例関係は成り立たない．

比例尺度（ratio scale）　　単位の間隔が等しいと同時に絶対原点を持つ尺度を比例尺度という．間隔尺度の基点となる0というポイントが任意に選べるのに対して，比例尺度の絶対0点は1つだけの基点である．単に差が量的な意味を持つのではなく，比にも意味がある．たとえば，Aブランドの販売量が1千万トンで，Bブランドが2千万トンなら，Aブランドの販売量はBブランドの2分の1である．また1kg3千円の活魚は2千円の活魚より1.5倍高い．比例尺度によって調査対象を異なるグループに分けることも当然可能である．このように比例尺度は，4つのタイプの尺度が持つすべての能力を兼備した最も高度な尺度である．またパーセントが0から100までであることを応用した恒常和尺度（constant-sum scale）も1種の比例尺度といえる．たとえば朝食が米食か，パン食か，スナックか，その他か，食べないかの5カテゴリーに

100パーセントを推測配分してもらう．それによってスナックへの態度を他の米食などとの比例関係で測定したいようなときに活用される．

このように，観測から得られた経験的関係系を数量的関係に表現するとき，どのような尺度水準で表現されているのかを知ることは，数量化された結果を検討する上で重要である．また，3節で若干示すように，観測から得られた経験的関係系の性質がわかったら，数学的観点から何尺度であるかを導くこともできるのである．このことは，一意性に関する証明として，公理的測定論では扱われている．

2.5　これまでの数理的表現：順序づけと測定理論

これまでの議論をもう少し，数学的記号を用いて表現し直してみる．まず，直積集合の部分集合として，2項関係を定義し，その2項関係の1つとしての同値関係，順序関係を定義する．さらに関係系の観点から，測定というものをとらえて，尺度水準の説明に入る．基本的説明は，市川（1983），佐伯（1973），クームスら（Coombs, et al. 1970），クランツら（Krantz, et al. 1971）をもとにする．

2.5.1　2項関係

2つの集合 X, Y から任意の要素 x と $y (x \in X, y \in Y)$ を取り出し，順序対（ordered pair）である (x, y) を構成する．可能なすべての順序対の集合を，X と Y の直積集合（direct product, Cartesian product），$X \times Y = \{(x, y) | x \in X, y \in Y\}$ という．

集合 X と集合 Y との直積集合の部分集合 $R (R \subset X \times Y)$ を X と Y の2項関係（binary relation）という．

また，$X = Y$ のとき，$R \subset X \times X$ を集合 X 上の2項関係という．

X 上の関係 R の性質として以下のようなさまざまなものが考えられている．

1) 反射性　　X の任意の要素 x に対して $(\forall x \in X)$，xRx．
2) 対称性　　X の任意の要素 x, z に対して $(\forall x, z \in X)$，xRz ならば zRx．
3) 反対称性　　X の任意の要素 x, z に対して $(\forall x, z \in X)$，xRz かつ zRx

ならば $x=z$.

　4) 推移性　　X の任意の要素 x,y,z に対して $(\forall x,y,z\in X)$, xRy, yRz ならば xRz.

　5) 完備性（比較可能性）　　X の任意の要素 x,z に対して $(\forall x,z\in X)$, xRz または zRx.

　ここで，括弧の中に $\forall x\in X$ というような記号が出てきているが，これは「X の任意の要素 x に対して」という意味であり，$\forall$ は，「任意」という意味で，「X の中の要素のどれをとっても」という意味である．

2.5.2 同値関係

　反射性，対称性，推移性を満たす2項関係を同値関係（equivalence relation）と呼ぶ．同値関係 R は，しばしば記号〜によって表される．また，集合 X 上に同値関係 R が存在する場合，ある要素 $y\in X$ と同値関係 R にある X の要素の集合

$$R(y)=\{x|x\in X, xRy\}$$

を同値関係 R によって y から生成された同値類（equivalence class）という．また，X 上の同値関係 R により得られる同値類の集合を，X の R による商集合，あるいは，同値類集合と呼び，X/R で表す．たとえば，性別を同じくするという同値関係 R は，人間の集合 X を，男と女という2つの同値類からなる同値類集合に分割する．

2.5.3 順序関係

　反射性と推移性を満たす2項関係を半順序（partial order）と言い，完備性と推移性を満たす2項関係を弱順序（weak order），完備性，推移性，反対称性を満たす2項関係を全順序（total order）と言う．全順序でない弱順序を厳密な弱順序，弱順序でない半順序を厳密な半順序と呼ぶことがある．また，これらの半順序，弱順序，全順序を総称して，順序と呼ぶ．このことから，半順序は弱順序を含み，弱順序は全順序を含んでいることがわかる．

　次に，集合 X 上の順序を R とし，X の部分集合 Y を考える．任意の要素 x,y について $(\forall x,y\in X)$, xRy であって，かつ $x,y\in Y$ であるとき，ある

$z \in Y$ が存在して，xRz かつ zRy となるならば，Y は X において R 順序稠密（R-order dense）という．たとえば，実数の集合上での大小関係 $\geq$ を考えると，有理数の集合は実数の集合において，$\geq$ 順序稠密である．有理数が実数の集合において，$\geq$ 順序稠密であるというような性質は，経験科学的な観点からみるとどちらでも良いことのように感じられるかもしれないが，数理心理学や効用理論においては重要な位置づけを持っている．

2.5.4 関係系

1つの集合と，その要素，部分集合，その上の関係などの性質を規定した集合を関係系（relational system）あるいは数学的構造（mathematical structure）と呼ぶ．たとえば，集合 X 上の2項関係 R は，$\langle X, R \rangle$ で表現することができる．ここでは，2項関係を中心に考察するが，集合 X 上の直積 $X \times X \times X$ の部分集合の3項関係を考えることができるし，さらには一般的に n 項関係（n は1以上の整数）を考えることができる．また，何らかの集合 X が定義され，その直積部分集合として $R_1, R_2, \cdots R_n$ のようにいろいろな関係が考えられたとする．このように考えると，関係系は $\langle X, R_1, R_2, \cdots R_n \rangle$ のように表現できるのである．

2.5.5 全順序と数量化の定理

つぎに，順序づけの関係をどうして数量化できるのかということを考えてみる．まず順序づけの関係が全順序である場合を考えてみる．

対象の集合 X が有限で，関係系 $\langle X, \succsim^T \rangle$ が全順序であることを仮定し，この関係系が好み（選好関係）を表現すると考える．全順序の定義により，以下の3つの性質が成立する．

1) 完備性（比較可能性）　　$\forall x, y \in X, x \succsim^T y \lor y \succsim^T x$.

ここで，$x \succsim^T y$ を x が y よりも選好されるか，x と y が無差別と解釈し，$y \succsim^T x$ を y が x より選好されるか，x と y とが無差別な場合と解釈することができる．ここで，$\lor$ の記号は，「または」という論理記号であり，少なくともどちらかが成立することを指す．

この完備性は，下記の条件と同値である．すなわち，

$$\forall x,y \in X, x \gtrsim^T y \vee y \gtrsim^T x \Leftrightarrow x >^T y \vee x \sim^T y \vee x <^T y$$

すなわち，X の要素の任意の x,y に対して，$x >^T y$（x が y より選好される），$x \sim^T y$（x と y が無差別），$x <^T y$（y が x より選好される）のいずれかが成立する．

ここで，$x >^T y$ は，$x \gtrsim^T y$ であって，かつ $y \gtrsim^T x$ が成立しない場合である．すなわち，

$$\forall x,y \in X, x >^T y \Leftrightarrow (x \gtrsim^T y) \wedge \neg(y \gtrsim^T x)$$

である．「かつ」という論理積は $\wedge$ という記号で表現され，否定は $\neg$ という記号で表現することができる．また，$\Leftrightarrow$ という記号は，○○ならば△△（○○$\Rightarrow$△△）と△△ならば○○（△△$\Rightarrow$○○）という両方の関係が成立していることであり，必要十分条件になっている．

同様に，$x \sim^T y$ は，$x \gtrsim^T y$ も，かつ $y \gtrsim^T x$ も成立する場合である．すなわち，

$$\forall x,y \in X, x \sim^T y \Leftrightarrow (x \gtrsim^T y) \wedge (y \gtrsim^T x).$$

さらに，$x <^T y$ は，$y \gtrsim^T x$ であって，かつ $x \gtrsim^T y$ が成立しない場合である．すなわち，

$$\forall x,y \in X, x <^T y \Leftrightarrow (y \gtrsim^T x) \wedge \neg(x \gtrsim^T y).$$

したがって，

$$\forall x,y \in X, ((x \gtrsim^T y) \wedge \neg(y \gtrsim^T x)) \vee ((x \gtrsim^T y) \wedge (y \gtrsim^T x)) \vee$$
$$((y \gtrsim^T x) \wedge \neg(x \gtrsim^T y)) \Leftrightarrow x \gtrsim^T y \vee y \gtrsim^T x$$

となることがわかる．

2) 反対称性　　$\forall x,y \in X, x \sim^T y \Rightarrow x = y.$

すなわち，X の要素の任意の x,y に対して，$x \sim^T y$ ならば $x = y$ である．

3) 推移性　　$\forall x,y,z \in X, x \gtrsim^T y \wedge y \gtrsim^T z \Rightarrow x \gtrsim^T z.$

X の任意の $x,y,z (\forall x,y,z \in X)$ に対して，$x \gtrsim^T y, y \gtrsim^T z$ ならば，$x \gtrsim^T z$ が成立する．

これらの3つの性質を満たす全順序の数量化に関する以下の定理が成立する．

全順序の数量化に関する定理（有限集合の場合）　　有限集合 X 上の関係系 $\langle X, \gtrsim^T \rangle$ が全順序である時，かつその時に限り，X 上の実数値関数 $\phi : X \to Re$

が存在して，

$$\forall x, y \in X, \quad x \succsim^T y \Leftrightarrow \phi(x) \geqq \phi(y) \tag{2.1}$$

すなわち，この定理は，全順序であるような判断をした場合，その判断の関係を保存するような実数値をとる関数で表現できるということを意味している．すなわち，定性的な全順序の判断を量化して考えることができることを示している．

定理の証明 まず，$\forall x, y \in X, x \succsim^T y \Rightarrow \phi(x) \geqq \phi(y)$ を証明する．

$\forall x, y \in X, x \succsim^T y$ を仮定する．推移性から，$y \succsim^T z$ となるようなすべての z に対して，$x \succsim^T z$ が成り立つ．それゆえ，$\{z|x \succsim^T z\} \supseteq \{z|y \succsim^T z\}$．ここで，集合の構成要素の数を ϕ で表現し，下記のように関数を構成する．$\phi(x)=$ Card($\{z|x \succsim^T z\}$)，$\phi(y)=$Card($\{z|y \succsim^T z\}$)，ただし，Card( ) は括弧内の集合の要素数を表す関数とする．このように関数 ϕ を構成すると，$\forall x, y \in X, x \succsim^T y \Rightarrow \phi(x) \geqq \phi(y)$ が成り立つ．

つぎに，$\forall x, y \in X, \phi(x) \geqq \phi(y) \Rightarrow x \succsim^T y$ を証明する．この命題を証明するには，この命題の対偶を証明すればよい．対偶は，$\forall x, y \in X, \neg(x \succsim^T y) \Rightarrow \neg(\phi(x) \geqq \phi(y))$ である．完備性より，左記の命題は，$\forall x, y \in X, y \succ^T x \Rightarrow \phi(x) < \phi(y)$ である．ここで，$x \succ^T z$ となるようなすべての z に対して，$y \succsim^T z$ が成り立つ．それゆえ，

$$\{z|x \succ^T z\} \subset \{z|y \succ^T z\}.$$

ここで，集合の構成要素の数を ϕ で表現し，下記のように，関数を構成する．

$$\phi(x)=\text{Card}(\{z|x \succ^T z\}), \quad \phi(y)=\text{Card}(\{z|y \succ^T z\}),$$

ただし，Card( ) は括弧内の集合の要素数を表す関数とする．このように関数 ϕ を構成すると，$\forall x, y \in X, y \succ^T x \Rightarrow \phi(x) < \phi(y)$ である．それゆえ，$\forall x, y \in X, \phi(x) \geqq \phi(y) \Rightarrow x \succsim^T y$ である．

したがって，定理は証明された．■

上記の定理は，可算無限集合の場合にも拡張できる．可算無限集合とは，自然数との間に全単射が存在する集合のことである．ここで，全単射とは，写像 $f:A \to B$ が，（1）$f(A)=B$（全射性），（2）任意の A の元 a_1, a_2 について，$a_1 \neq a_2$ ならば $f(a_1) \neq f(a_2)$（単射性）を持つことである．すなわち，可算無限

集合とは，自然数との間に一対一対応がつく無限集合であり，整数や有理数が含まれる．なお，実数は可算無限集合ではなく，非可算無限集合と言う．

全順序の数量化に関する定理（可算無限集合の場合）　　可算無限集合 X 上の関係系 $\langle X, \gtrsim^T \rangle$ が全順序である時，かつその時に限り，X 上の実数値関数 $\phi : X \to Re$ が存在して，

$$\forall x, y \in X, \ x \gtrsim^T y \Leftrightarrow \phi(x) \geqq \phi(y) \tag{2.2}$$

定理の証明　　証明の仕方は，有限集合の場合と基本的には変わらないが，可算無限集合を扱っているので，集合の濃度に関係する関数 ϕ を有限集合の場合とは別の仕方で構成して，証明を行う．

まず，$\forall x, y \in X, \ x \gtrsim^T y \Rightarrow \phi(x) \geqq \phi(y)$ を証明する．$\forall x, y \in X, \ x \gtrsim^T y$ を仮定する．X の要素を $x_1, x_2, x_3, \cdots, x_i, \cdots$ として，$x_i \gtrsim^T x_j$ の場合 $S_{ij}=1$，それ以外の場合 $S_{ij}=0$ となるような関数 S_{ij} を定義する．さらに，以下の関数 $\phi(x_i)$ を構成する．すなわち，

$$\phi(x_i) = \sum_{j=1}^{\infty} \frac{1}{2^j} S_{ij}$$

$\phi(x_i)$ は，収束するのは明らかである．このように関数 ϕ を構成すると，$x_i \gtrsim^T x_j \Rightarrow \phi(x_i) \geqq \phi(x_j)$ である．したがって，$\forall x, y \in X, \ x \gtrsim^T y \Rightarrow \phi(x) \geqq \phi(y)$ が成り立つ．

つぎに，$\forall x, y \in X, \ \phi(x) \geqq \phi(y) \Rightarrow x \gtrsim^T y$ を証明する．この命題を証明するには，この命題の対偶を証明すればよい．対偶は，$\forall x, y \in X, \ \neg (x \gtrsim^T y) \Rightarrow \neg (\phi(x) \geqq \phi(y))$ であり，完備性より，$\forall x, y \in X, \ y >^T x \Rightarrow \phi(y) > \phi(x)$ である．同様に，関数 $\phi(x_i)$ を構成すると，$x_i <^T x_j \Rightarrow \phi(x_i) < \phi(x_j)$ である．それゆえ，$\forall x, y \in X, \ \phi(x) \geqq \phi(y) \Rightarrow x \gtrsim^T y$ である．したがって，定理は証明された．■

2.5.6　弱順序と数量化の定理

今度は，順序づけの関係が弱順序である場合を考えてみる．

対象の集合 X が有限で，関係系 $\langle X, \gtrsim \rangle$ が弱順序であることを仮定し，この関係系が好み（選好関係）を表現すると考える．弱順序の定義により，以下の2つの性質が成立する．

1）　完備性（比較可能性）　　$\forall x, y \in X, \ x \gtrsim y \lor y \gtrsim x$.

ここで，$x \succsim y$ を x が y よりも選好されるか，x と y が無差別と解釈し，$y \succsim x$ を y が x より選好されるか，x と y とが無差別な場合と解釈することができる．

2) 推移性　$\forall x, y, z \in X, x \succsim y \wedge y \succsim z \Rightarrow x \succsim z$. すなわち，$X$ の任意の $x, y, z (\forall x, y, z \in X)$ に対して，$x \succsim y$, $y \succsim z$ ならば，$x \succsim z$ が成立する．

要するに，先の全順序の性質から反対称性を除いた性質であり，必ずしも反対称性が成立しないような状況である．実際の人間の判断や選好を考えると，反対称性は必ずしも成立するとは限らないと考える方が自然である．たとえば，選好が無差別であってもその対象は同じものとは限らないからである（図2.2参照）．

これらの2つの性質を満たす弱順序に関しても数量化に関する以下の定理が成立することがわかっている．

弱順序の数量化に関する定理（有限集合の場合）　有限集合 X 上の関係系 $\langle X, \succsim \rangle$ が弱順序であるならば，かつその時に限り，X 上の実数値関数 $\phi : X \to Re$ が存在して，

$$\forall x, y \in X, \quad x \succsim y \Leftrightarrow \phi(x) \geqq \phi(y) \tag{2.3}$$

すなわち，この定理は，弱順序であるような判断をした場合，その判断の関係を保存するような実数値をとる関数で表現できるということを意味しているのである．すなわち，定性的な弱順序の判断を量化して考えることができることを示している．

定理の証明　まず，弱順序では，反対称性が成立しないので，X 上の同値関係 $\sim$ により得られる同値類の集合，すなわち，X の $\sim$ による商集合 $X/\sim$ を構成する．前述したように，$x \sim y$ は，$x \succsim y$ も，$y \succsim x$ も成立する場合であり，すなわち，$\forall x, y \in X, x \sim y \Leftrightarrow (x \succsim y) \wedge (y \succsim x)$. この同値類の集合に関しては，反対称性が成立するので，全順序を満たす関係系 $\langle X/\sim, \succsim^T \rangle$ が成立していることは明らかである．このことから，先の定理 (2.1) を利用すると，有限集合 $X/\sim$ 上の関係系 $\langle X/\sim, \succsim^T \rangle$ に関して，X 上の実数値関数 $\phi' : X/\sim \to Re$ が存在して，

$$\forall a, b \in X/\sim, \quad a \succsim^T b \Leftrightarrow \phi'(a) \geqq \phi'(b)$$

となる.

この $\phi':X/\sim \to Re$ から,$\forall x\in a, \forall a\in X/\sim, \phi(x)=\phi'(a)$ となるように,$\phi:X\to Re$ をつくると,

$$\forall x,y\in X, \quad x\succsim y \Leftrightarrow \phi(x)\geqq \phi(y)$$

$$\forall x,y\in X, \quad x\sim y \Leftrightarrow \phi(x)=\phi(y)$$

となることは明らかである.■

上記の定理は,可算無限集合の場合にも拡張できる.

弱順序の数量化に関する定理(可算無限集合の場合) 可算有限集合 X 上の関係系 $\langle X, \succsim \rangle$ が弱順序である時,かつその時に限り,X 上の実数値関数 $\phi:X\to Re$ が存在して,

$$\forall x,\ y\in X, \quad x\succsim y \Leftrightarrow \phi(x)\geqq \phi(y) \tag{2.4}$$

定理の証明 まず,弱順序では,反対称性が成立しないので,X 上の同値関係 $\sim$ により得られる同値類の集合,すなわち,X の $\sim$ による商集合 $X/\sim$ を構成する.この同値類の集合に関しては,反対称性が成立するので,全順序を満たす関係系 $\langle X/\sim, \succsim^T \rangle$ が成立していることは明らかである.このことから,先の定理(2.2)を利用すると,可算無限集合 $X/\sim$ 上の関係系 $\langle X/\sim, \succsim^T \rangle$ に関して,X 上の実数値関数 $\phi':X/\sim \to Re$ が存在して,

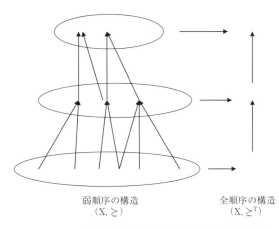

弱順序の構造　　　　全順序の構造
(X, $\succsim$)　　　　　(X, $\succsim^T$)

図 2.3　弱順序の構造と全順序の構造の比較

$$\forall a, b \in X/\sim, \quad a \gtrsim^T b \Leftrightarrow \phi'(a) \geq \phi'(b)$$

となる．

この $\phi': X/\sim \to Re$ から，$\forall x \in a, \forall a \in X/\sim, \phi(x)=\phi'(a)$ となるように，$\phi: X \to Re$ をつくると，

$$\forall x, y \in X, \quad x \gtrsim y \Leftrightarrow \phi(x) \geq \phi(y)$$

$$\forall x, y \in X, \quad x \sim y \Leftrightarrow \phi(x) = \phi(y)$$

となることは明らかである．したがって，定理は証明できた．■

定理（2.4）は，可算無限集合の場合のものであるが，非可算無限集合においては，一般には，成立しない．証明はかなり専門的になるので省略して結果のみ示すが，非可算無限集合においては，下記の定理が成立する（詳しい証明は，クランツら（Krantz, et al, 1971），ロバーツ（Roberts, 1979）を参照のこと）．

弱順序の数量化に関する定理（非可算無限集合の場合） 非可算有限集合 X 上の関係系 $\langle X, \gtrsim \rangle$ が弱順序であり，$X/\sim$ が $\gtrsim^T$ 順序稠密な可算部分集合を持つとき，かつその時に限り，X 上の実数値関数 $\phi: X \to Re$ が存在して，

$$\forall x, y \in X, \quad x \gtrsim y \Leftrightarrow \phi(x) \geq \phi(y) \tag{2.5}$$

このように非可算無限集合の場合には，弱順序以外の連続性に関する仮定を入れないと数量化は不可能ではあるが，判断の比較可能性と推移性が成り立てば数量化が可能であることを示唆しているのである．

2.5.7 対応づけと測定

つぎに，数量化と密接な関係を持つ測定について説明する．測定は，経験的に観察された対象間の諸関係をもとに，対象に数値を割り当て，経験的に得られた対象間の諸関係をその数値間の諸関係によって表現することであると考えられる．

測定とは，先述したように，経験的関係系（empirical relational system）を，特定の数量的関係系（numerical relational system）に対応づけるということになる（Krantz et al., 1971；佐伯，1973）．経験的関係というのは，経験的に観測された対象間の関係のことである．選好関係などの経験的関係を対象の集合の直積の部分集合で表現することができ，また，経験的関係系を $\langle X, T \rangle$ と

表現できる．さらに，同様の考え方で，数量的関係 R（たとえば，実数の大小関係＞など）も実数の集合の直積の部分集合で表現することができ，数量的関係系を $\langle Re, R \rangle$ で表現できる（Krantz et al., 1971；佐伯, 1973）．

ここで，「経験的関係系 $\langle X, T_1, T_2, \cdots, T_n \rangle$ が数量的関係系 $\langle Re, R_1, R_2, \cdots, R_n \rangle$ に対応づく」という時の「対応づく」の意味を明確にしておこう．この時，「対応づく」とは，(1) 任意の $x \in X$ に対して特定の $r \in Re$ が 1 個決められ，(2) X の直積の部分集合 $T_i, i=1,\cdots,n$) に対して，Re の直積の部分集合 R_i が 1 個決まる，ということである（佐伯, 1973）．このような対応ができるとき，$\langle Re, R_1, R_2, \cdots, R_n \rangle$ は，$\langle X, T_1, T_2, \cdots, T_n \rangle$ に対する準同型（homomorphism）であると呼ばれる．このとき，$\langle X, T_1, T_2, \cdots, T_n \rangle$ は，$\langle Re, R_1, R_2, \cdots, R_n \rangle$ によって表現（あるいは測定）されると言う．

2.5.8 一意性と測定尺度水準

経験的関係系が数量的関係系と準同型による対応がつくとき，この対応づけは複数あり得る．経験的関係系がある数量的関係系によって表現されるとき，すなわち準同型による対応がつくとき，この準同型となる対応づけは，一般には，必ずしも 1 つとは限らない．というのは，ある変換を加えても，準同型となる対応づけが存在する場合があるからである．たとえば，ある任意の $x, y \in X$ に対して，ある人が x を y より好きだと判断する場合，その時に限り，$\phi(x) > \phi(y)$ となるようなある実数値関数 ϕ が存在するとする．このことは，X の要素に対する経験的関係系が，実数値とその大小関係に関する数量的関係系によって表現され，準同型となる対応づけが成り立っていることを意味している．このとき，$\phi(x)$ に対して，任意の正の線型変換をしても（$f(\phi(x)) = \alpha \phi(x) + \beta, \alpha > 0$），さらには，任意の単調増大変換（たとえば，$g(\phi(x)) = \log \phi(x), x > 0$）をしても，選好関係は表現でき，準同型による対応がつく．したがって，測定において問題となるのは，準同型になるような変換はどこまで許容できるかということである（佐伯, 1973）．

経験的関係系が数量的関係系によって表現され，準同型による対応がつくとき，測定が可能となり，尺度構成が可能となる．ここで，尺度構成というのは，準同型による対応がつくように，ある数値を対象に付与することである．尺度

構成によって得られた測定尺度の尺度値は，先にも述べたように，ある変換に関して許容される場合がある．どのような変換に関して許容できるかという問題，すなわち変換に関する一意性（uniqueness）の問題に関して，測定尺度の分類がなされている．これに関しては，以下の4分類が一般的である．すなわち，対象が異なれば異なる数値を与えるような任意の実数値関数による変換に関して一意な名義尺度（nominal scale），任意の単調増大変換に関して一意な順序尺度（ordinal scale），任意の正の線型変換に関して一意な間隔尺度（interval scale），任意の正の定数倍変換に関して一意な比例尺度（ratio scale）である．このことが，公理的測定論の考え方による尺度の水準なのである．公理的測定論の考え方やそれに関するいくつかの知見は，つぎの3章でも説明する．

3

加法的モデルによる測定と公理系

　前章では，測定を行うことの公理系からの検討を行ったが，この章では，対象が2つあるいは2属性以上にわたる場合の問題について検討を行う．このような場合，一番単純な形式は，2つの対象または属性の測定値の和で全体的な測定を行う方法である．1つは，比例尺度に等しいエクステンシブ構造を仮定した測定方法であり，もう1つは，間隔尺度に等しい加法コンジョイント構造を仮定した測定方法である．本章では，これらの測定法の公理系とその考え方について説明を行う．

3.1 測定と尺度構成

　測定尺度の構成法に関してはさまざまなものあるが，大別すると，数理心理学における公理的測定論に基づく表現的測定（representational measurement）と計量心理学的測定（psychometric measurement）とに分けられる（Judd & McClelland, 1998）．前者のタイプの尺度構成法は，経験的関係系を数量的関係系によって表現する公理系をもとに，基本的には順序尺度的判断から比例尺度や間隔尺度を構成しようとするものである．このアプローチには，以下に述べるエクステンシブ測定（extensive measurement）とコンジョイント測定（conjoint measurement）などがある．他方，後者のタイプの尺度構成法は，伝統的な計量心理学の手法を用いたもので，以下に紹介する種々の1次元尺度構成（unidimensional scaling）と多次元尺度構成（multidimensional scaling）などがある．

　前者の表現的測定は，公理的測定法に基づく厳密な論理をもとに考えられて

いるが，誤差の取り扱いや信頼性のチェックなどに関して十分発展した技術が考えられていないという問題がある．他方，後者の計量心理学的測定は，技術的には比較的利用しやすいように考えられているが，その測定の前提条件が非常に厳しかったり，公理的測定論的な観点からの取り扱いがまったくされていないという問題がある．

このように，いずれのアプローチにも長所と短所があり，どちらのアプローチが優れているかについての議論もなされている（Judd & McClelland, 1998）．しかし，重要なことは，どちらを採用するかということより，両アプローチを相補的に使用することであると思われる．表現的測定のアプローチは，厳密ではあるが技術的には使いづらいので，計量心理学的測定をする際の限界や制約の認識のための理念としたり，部分的チェックとして使用することが勧められる．計量心理学的測定のアプローチは，マーケティングリサーチのような実務的目的を達成するには技術的には容易であり推奨されるが，その表現的測定のアプローチからみて，かなり厳しい仮定を採用しているので，その仮定の検討をすることが必要であろう．

3.2 尺度水準からみた可能な心理物理法則

比較判断や意思決定は，広告や商品情報などの刺激に対する人間の反応であると考えることができる．たとえば，値引きや値上げなどに対する価格判断（price judgement）の測定はその一例である．実験心理学の領域においては，刺激が物理的に計測でき，数量的に記述できる場合の刺激 － 反応関係の測定の研究が 100 年以上前から行われている．1860 年に刊行された著作において，フェヒナー（Fechner, G. T.）は，心理物理学的測定法（psychophysical method）を提唱し（これは，精神物理学的測定法とも訳されることがある），刺激強度と判断を通じてなされる心理量との関数関係を特定するための定数測定法と尺度構成法を開発した．また，彼は，刺激強度 I とその弁別閾 ΔI との比，$\Delta I/I$ が一定であるというウェーバー（Weber, E. H.）らの実験による知見，いわゆるウェーバーの法則（Weber's law）をもとに，判断された感覚の大きさ S, が刺激強度 I の対数に比例する（$S=k \log I$，ただし，k は定数）という，い

わゆるフェヒナーの法則（Fechner's law）と呼ばれる理論を提案した（和田・大山・今井，1969；印東，1977）．このフェヒナーの法則の導出においては，彼は，ΔIを微分で考え，$\Delta I=dI$と仮定し，これが感覚の最小単位$\Delta S=dS$と比例していると考え，$dS=k\,dI/I$（kは定数）と置き，この等式の両辺の積分をとって，$S=k\log I+C$（ただし，Cは定数）とした．$S=0$のときの刺激強度をI_0とすると，$C=-k\log I_0$であると考えることができるので，$S=k\log I-k\log I_0=k\log I/I_0$となる．ここで，$I/I_0$を刺激閾の値$I_0$によって基準化された刺激強度であると考えると，いわゆるフェヒナーの法則が得られるのである．

このフェヒナーの法則のように，物理量と心理量との関係に関する法則を心理物理法則（psychophysical law）と呼び，現代においても，さまざまな研究がなされている．フェヒナーによる対数関数の心理物理関数が果して妥当かどうかについては異論もあり，ウェーバーの法則からの導出に飛躍があるとの批判や，対数関数よりむしろべき関数が妥当であるというスティーヴンス（Stevens, S. S）による理論（$S=\alpha I^\beta$，ただし，α，βは定数）がある（和田・大山・今井，1969）．このような議論はあるものの，一般的には，フェヒナーの対数関数とスティーブンスのべき関数は，刺激と反応に関する心理物理関数としてかなり受け入れられている．また，感覚の領域を離れた，価値や効用の理論においても，フェヒナーやスティーブンスの心理物理関数と同様の価値関数や効用関数を用いた理論が多く出ている．たとえば，金銭的利得に対する評価を記述する，トゥベルスキーとカーネマン（Tversky, A., & Kahneman, D.）のプロスペクト理論（prospect theory）のような非線形効用理論（nonlinear utility theory）においても，べき関数による価値関数の推定が行われている（Tversky & Kahneman, 1992）．

数理心理学者のルース（Luce, D.）は，関数方程式を用いて，間隔尺度と比例尺度に応じた可能な心理物理法則（possible psychophysical laws）についての理論を展開した（Luce, 1959）．たとえば，刺激Iが比例尺度で感覚量$v(I)$も比例尺度の場合，比例尺度の定義により，刺激Iの尺度値の単位を変えて定数倍変換（k倍）しても，感覚量の尺度$v(I)(>0)$も，それに応じて，$K(k)$倍になるだけで，準同型による対応がつくと考えられる．したがって，以下の関

数方程式が成立すると考えることができる．

$$v(kI)=K(k)v(I) \quad k>0, \quad K(k)>0 \tag{3.1}$$

上の関数方程式を満たす連続関数 $v(I)$ は，以下のべき関数しかありえないことが証明されている．

$$v(I)=\alpha I^\beta, \quad \alpha>0 \tag{3.2}$$

同様に，感覚量 $u(I)$ が間隔尺度であると仮定すると，I の尺度値の単位を変えて定数倍変換（k 倍）すると，間隔尺度の定義により，$u(I)$ は，線型変換されると考えられるので，以下の関数方程式が成り立つと考えることができる．

$$v(kI)=K(k)u(I)+C(k) \quad k>0, \quad K(k)>0 \tag{3.3}$$

上の関数方程式を満たす連続関数 $u(I)$ は，以下の2つの関数しかありえないことが証明されている．

$$u(I)=\alpha \log I+\beta \tag{3.4a}$$

$$u(I)=\alpha I^\beta \tag{3.4b}$$

このルースの定式化からは，刺激が比例尺度で測定できる場合，人間の判断が比例尺度の場合はスティーブンスの法則が成立し，判断が間隔尺度の場合はフェヒナーの法則かスティーブンスの法則が成立することが示される．

しかし，このルースの定式化に関して，刺激強度の単位が無次元化されている場合は適用できないとの批判などがあり（印東, 1977），現在においてもルースの定式化をめぐって研究者の間で議論が行われている（Birnbaum, 1998）．また，竹村（1998）は，消費者が行うような判断においての評価関数は，判断可能な刺激の下限付近で下に凹で上限付近で下に凸な性質を持つとする心的モノサシ理論（mental ruler theory）を提案しており，フェヒナーの法則やスティーブンスの法則を特殊例として含むような定式化を行っている．このように，ルースの定式化の帰結に対しては，今後さらなる検討が必要ではあり，価格判断などに関するマーケティングリサーチにおいても実証的な見地から検討する価値はあるだろう．

3.3 表現的測定によるアプローチ

3.3.1 エクステンシブ測定

エクステンシブ測定（extensive measurement）の概念は，そもそも物理的測定の公理的基礎づけを行うために数学者ヘルダー（Hölder, O）によって考えられたものであるが，心理測定にも適用可能である．

今，測定対象の集合 X を考え，X の任意の要素 x, y に関して，x が y より何らかの順位が上（たとえば，重い）か少なくとも等しいとする．そして，(1) その関係が成り立つ場合，しかもその場合だけ，$\phi(x) \geq \phi(y)$ となるような実数値関数 ϕ が存在するとし，さらに，(2) x と y との併合（concatenation），$x \circ y$ に対して，$\phi(x \circ y) = \phi(x) + \phi(y)$ が成り立つような測定尺度を考える．この (1) と (2) を満足する測定尺度 ϕ を構成するのが，エクステンシブ測定であり，このような測定尺度の構造をエクステンシブ構造（extensive structure）と呼ぶ．エクステンシブ構造は，正の定数倍変換に関して一意であり，比例尺度であると考えられる．エクステンシブ測定による測定尺度を構成するには，判断が，弱順序（weak order），結合則（associativity），単調性（monotonicity），アルキメデス性（Archimedian property），正（positivity）の性質などの定性的条件を満たしている必要がある（Iverson & Luce, 1998）．したがって，尺度構成にあたっては，対象に対する順序判断がこれらの定性的条件を満たしているかをチェックし，条件を満足している場合に数量化を行えばよい．

エクステンシブ測定について解説するためにまず下記の定義を置いて，それに関する定理を説明する．

閉エクステンシブ構造の定義　集合 X が非空な集合であり，$X \times X$ 上の 2 項関係 $\succsim$ があるとする．また，$\circ$ を X 内での閉じた 2 項関係の操作とする．三つ組の集合 $(X, \succsim, \circ)$ は，任意の要素，$a, b, c, d \in X$ について，下記の条件を満たしているとき，その時に限り，閉エクステンシブ構造（closed extensive structure）と呼ぶ．

1) 弱順序性：$(X, \succsim)$ は弱順序である．すなわち，$\succsim$ は完備性と推移性を満たす．

2) 弱結合則：$a \bigcirc (b \bigcirc c) \sim (a \bigcirc b) \bigcirc c$.
3) 単調性：$a \gtrsim b \Leftrightarrow a \bigcirc c \gtrsim b \bigcirc c \Leftrightarrow c \bigcirc a \gtrsim c \bigcirc b$.
4) アルキメデス性：もし $a \gtrsim b$ ならば，X の任意の要素 c, d について，$na \bigcirc c \gtrsim nb \bigcirc d$ となるような正の整数が必ず存在する．ただし，na は，$1a=a$, $(n+1)a=na \bigcirc a$ というように，定義される．
5) 正の性質：$a \bigcirc b > a$.

閉エクステンシブ構造の表現定理　集合 X が非空な集合であり，$X \times X$ 上の2項関係 $\gtrsim$ があるとする．また，$\bigcirc$ を X 内での閉じた2項関係の操作とする．三つ組の集合 $(X, \gtrsim, \bigcirc)$ が閉エクステンシブ構造であるとき，その時に限り，X 上の実数値関数 ϕ が存在し ($\phi: X \rightarrow Re$)，任意の要素，$a, b \in X$ について，下記の関係が成り立つ．

1) $a \gtrsim b \Leftrightarrow \phi(a) > \phi(b)$.
2) $\phi(a \bigcirc b) = \phi(a) + \phi(b)$.

また，1），2）の性質を満たす関数は，正の定数倍変換 ϕ' の範囲で一意である．すなわち，$\phi' = \alpha \phi$，ただし，$\alpha > 0$ である．

この定理は，選好関係が閉エクステンシブ構造を有していると，加法系の効用で選好関係を表現でき，さらに，この効用関数が正の定数倍変換をしてもその本質的な特徴は変化しないことを示している．このことは，閉エクステンシブ構造を仮定した測定で計測される心理尺度は，比例尺度であることを意味している．このため，このようなエクステンシブ構造を仮定した測定は，社会科学や心理学においては，適用の妥当性に問題があるという議論もある（Krantz, Luce, Suppes, & Tversky, 1971）．

3.3.2　コンジョイント測定

コンジョイント測定（conjoint measurement）は，ルースとテューキー（Luce & Tukey, 1964）によって提唱された，多属性対象に対する順序尺度レベルの判断から間隔尺度を構成するための測定である．

今，相異なる2つの属性 X_1，X_2 からなる対象の直積集合 A があるとする．すなわち，$A = X_1 \times X_2$ である．ここで，任意の $x=(a, u)$，$y=(b, v) \in X$ に対して，x が y より弱選好される（少なくとも等しいか選好される）場合に，し

かもそのときに限り，$\phi(x) \geq \phi(y)$，ただし，$\phi(x) = \phi_1(a) + \phi_2(u)$，$\phi(y) = \phi_1(b) + \phi_2(v)$ となるような実数値関数 ϕ, ϕ_1, ϕ_2 が存在するとする．このような測定尺度 ϕ, ϕ_1, ϕ_2 を構成するのが，コンジョイント測定であり，このような測定尺度の構造を加法コンジョイント構造（additive conjoint structure）と呼ぶ．加法コンジョイント構造は，正の線型変換に関して一意であり，間隔尺度であると考えられる．コンジョイント測定による測定尺度を構成するには，判断が弱順序（weak order），独立性（independence），二重相殺性（double cancellation）などのいくつかの定性的条件を満たしている必要がある（佐伯，1973；Iverson & Luce, 1998）．これについては，3.4 節でくわしく説明する．

したがって，尺度構成にあたっては，対象に対する順序判断がこれらの定性的条件を満たしているかをチェックし，条件を満足している場合に数量化を行えばよい．しかし，この定性的条件のチェックは技術的にはかなり煩雑であるので，あらかじめ加法コンジョイント構造を仮定して，順序判断を行わせ，最小自乗法などで尺度構成を行い，シミュレーションなどで尺度の信頼性をチェックする方法なども開発されている．このような簡便的方法は，コンジョイント分析と呼ばれ，マーケティングリサーチにおいてよく用いられている．

3.3.3　コンジョイント分析

コンジョイント分析（conjoint analysis）は，特にマーケティングにおける消費者の選好を把握する目的で用いられることが多い．たとえば新製品開発において，既製の製品のどのような属性の値を変えると消費者に最も好まれる新製品ができあがるかを知ることや，その新製品の市場占有率をシミュレーションによって算出する目的でなされることもある．コンジョイント分析は，現在ではマーケティングへの適用が非常に多いが，大学進学の際の選好調査などの選好判断の研究にも適用可能であるし，選好だけでなく土木工学エキスパートのリスク評価の研究などにも使われており，潜在的適用可能性は非常に高い．

ルースとテューキー（Luce & Turkey, 1964）の先駆的研究に認められるように，コンジョイント分析は，元来，数理心理学の分野で開発された分析技法であり，順序尺度（正確には弱順序性を満たす尺度）レベルの選好データから，間隔尺度と等価な加法的実数値関数（加法的効用関数）を構成する目的で考案

された．このような加法的実数値関数を構成するためには，選好関係が一群の公理を満たす必要があることがわかっている．

当初のコンジョイント分析における効用推定においては，このような公理的観点からの研究の影響を受けて，被験者の選好判断に順序尺度を仮定し，MONANOVA（monotone analysis of variance）のような単調変換法を用いた推定法の適用が主流であった（たとえば，Shepard, Romney, & Nerlove, 1972）．しかし，近年では，ダミー変数による通常の最小自乗法を用いたコンジョイント分析がより頻繁に用いられるようになっている（Louviere, 1988；Wittink & Cattin, 1989）．通常の最小自乗法を用いたコンジョイント分析は，厳密には選好判断が間隔尺度レベル以上であることを要求するが，シミュレーション研究の結果，順序尺度を仮定して単調変換を行う MONANOVA と非常に類似した結果が出ることがわかっている（Carmone, Green, & Jain, 1978）．

通常の統計パッケージなどに組みこまれている最小自乗法を利用したコンジョイント分析について，簡単に解説を行う．コンジョイント分析では，ある被験者の評価対象 i に対する反応（評価結果）r_i（conjoint analysis）を，以下の線形モデルで表現する．

$$r_i = \beta_0 + \sum_{j=1}^{p} u_j(k_{ji})$$

ただし，$u_j(k_{ji})$ は，評価対象 i における要因（属性）j の k_{ji} 水準の効用（部分効用）である（以下には，簡単のため u_{jk} と表記する）．

部分効用関数 u_j は，評価結果 r_i の推定に関して，(1) その要因の各水準間に線形式や2次式などの関係を必ずしも想定できない離散要因の場合，(2) 各水準の間に線形の関係が想定できる線形要因の場合，(3) 各水準の間に2次関数の関係が想定できる2次関数要因（理想点が存在する場合（ideal factor）と反理想点が存在する場合（anti-ideal factor）とがある）とで算出の仕方が異なる．たとえば，線形要因の場合には，水準値の1次関数で推定評価値が変化し，一方2次関数要因の場合には水準値の2次関数で推定評価値が変化する．これらの関数の指定のもとに，u_{jk} を推定する．

実際のデータの取得においては，評価対象のプロフィールをすべて被験者に提示して評価得点や順位付けデータを収集する．ただし，取り上げる属性や属

性水準の数が多くなると，回答者が順位づけ等による評価がしにくくなる．その負担を減らすためにはいろいろな工夫が必要になる．直交計画などを用いて，被験者に提示するプロフィール数を減らすこともよく行われている．

3.4　加法コンジョイント構造と測定

　この節では，コンジョイント分析が可能な加法コンジョイント系の観点について，クランツらの公理的測定理論（Krantz et al., 1971）や市川（1980）の多目的意思決定論の観点にたって解説を行うことにする．

定義1　独立性　集合 $X_1 \times X_2$ 上の関係 $\succsim$ が「独立」であるとは，以下のことが成り立っていることが必要十分条件になっている．すなわち，$a, b \in X_1$ について，ある $p \in X_2$ に対して，$(a, p) \succsim (b, p)$ であるならば，任意の $q \in X_2$ に対して，$(a, q) \succsim (b, q)$ であり，かつ，$p, q \in X_2$ について，ある $a \in X_1$ に対して，$(a, p) \succsim (a, q)$ ならば，任意の $b \in X_1$ に対して，$(b, q) \succsim (b, q)$ である，ということである．

　つぎに，各属性における独立性を同様に定義する．

定義2　属性内の独立性　集合 $X_1 \times X_2$ 上の関係 $\succsim$ が「独立」であるとする．

　X_1 上の $\succsim_1$ は，$a, b \in X_1$ について，$a \succsim_1 b$ ならば，かつその時に限り，ある $p \in X_2$ に対して，$(a, p) \succsim (b, p)$ である．

　X_2 上の $\succsim_2$ は，$p, q \in X_2$ について，$p \succsim_2 q$ ならばそのときに限り，ある $a \in X_1$ に対して，$(a, p) \succsim (a, q)$ である．

定義3　二重相殺性とトムセン条件　集合 $X_1 \times X_2$ 上の関係 $\succsim$ が「二重相殺（double cancellation）」であるとは，任意の $a, b, f \in X_1$ と任意の $p, q, x \in X_2$ について，もし $(a, x) \succsim (f, q)$ であり，かつ $(f, p) \succsim (b, x)$ であるならば，$(a, p) \succsim (b, q)$ であることである．また，この弱順序関係の $\succsim$ を無差別関係 $\sim$ に置き換えた条件をトムセン条件（Thomsen condition）という．すなわち，トムセン条件とは，任意の $a, b, f \in X_1$ と任意の $p, q, x \in X_2$ について，もし $(a, x) \sim (f, q)$ であり，かつ $(f, p) \sim (b, x)$ であるならば，$(a, p) \sim (b, q)$ であることである．

　トムセン条件を図3.1に示したが，この図によると，トムセン条件は，点

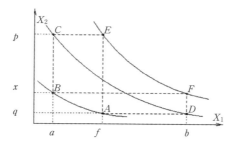

図 3.1 トムセン条件 (Krantz et al., 1971 をもとに作図)

A と B が無差別で点 E と F が無差別なら，点 C と D が無差別になることを示している．

定義 4　アルキメデス性　実数がアルキメデス性の性質を持つことは知られている．実数のアルキメデス性とは，任意の正の数 x について，それがいかに小さくとも，かつ，任意の数 y についてそれがいかに大きくとも，$nx \geq y$ となるような整数 n が存在するという性質である．つまり，正の実数 α に対して，ほかのどんな実数 $\beta > 0$ をとっても，

$$\alpha < 2\alpha < 3\alpha < \cdots < (n-1)\alpha \leq \beta \leq n\alpha$$

となるような自然数の数列，$1, 2, 3, \cdots, n$ は有限である．

連続する整数（正でも負でも，有限でも無限でもよい）の集合 N に対して，集合 $\{a_i | a_i \in X_1, i \in N\}$ は，下記が成り立つときそのときに限り，属性 X_1 に関しての標準列であると言う．すなわち，$p \sim_2 q$ でないような $p, q \in X_2$ が存在し，かつ任意の $i, i+1 \in N$ に対して，$(a_i, p) \sim (a_{i+1}, q)$ となることである．標準列 $\{a_i | a_i \in X_1, i \in N\}$ は，任意の $i \in N$ に対して，$c >_1 a_i >_1 b$ となるような $b, c \in X_1$ が存在するなら，その時に限り有界である．また，X_2 についても，同様の標準列の定義ができる．図 3.2 に 2 属性でのアルキメデス性の図を示した．任意の $a, b \in X_1$ と任意の $p, q \in X_2$ について，有界な標準列が有限であるとき，集合 $X_1 \times X_2$ 上の弱順序関係 $\succsim$ を示す集合 $(X_1 \times X_2, \succsim)$ はアルキメデス的であるという．

定義 5　制限なし可解性　集合 $X_1 \times X_2$ 上の関係 $\succsim$ が制限なし可解性 (unrestricted solvability) を満たすとは，$a, b \in X_1, p, q \in X_2$ に対して，3 つの要素が与えられているときに，$(a, p) \sim (b, p)$ であるような残りの 1 つが存在する

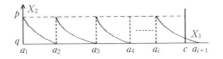

図 3.2 2属性でのアルキメデス性

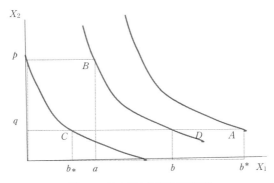

図 3.3 X_1 に関する制限付可解性

ことを言う．

定義 6　制限付可解性　集合 $X_1 \times X_2$ 上の関係 $\gtrsim$ が制限付可解性（restricted solvability）を満たすとは，任意の $a, b^*, b_* \in X_1, p, q \in X_2$ に対して，$(b^*, q) \gtrsim (a, p) \gtrsim (b_*, q)$ になった時，ある $b \in X_1$ が存在して，$(b, q) \sim (a, p)$ を満足し，さらに，任意の $a, b \in X_1, p, q^*, q_* \in X_2$ に対して，$(b, q^*) \gtrsim (a, p) \gtrsim (b, q_*)$ になるようにとった時，ある $q \in X_2$ が存在して，$(b, q) \sim (a, p)$ を満足することを言う．

図 3.3 に X_1 に関する制限付可解性の図を示したが，これは，点 A を通る無差別曲線と点 C を通る無差別曲線との間に点 B が存在すれば，必ず点 D が存在して，B と D を通る無差別曲線が存在することを意味している．

定義 7　本質性　集合 $X_1 \times X_2$ 上の関係 $\gtrsim$ を仮定する．X_1 が本質的であるということは，任意の $a, b \in X_1, p \in X_2$ に対して，$(a, p) \sim (b, p)$ とならないことを言う．X_2 が本質的であるということは，任意の $a \in X_1, p, q \in X_2$ に対して，$(a, p) \sim (a, q)$ とならないことを言う．

これは無差別曲線が，それぞれ X_1 軸，X_2 軸に平行にならないことを意味

している.

定義8　加法コンジョイント構造　集合 X_1, X_2 がそれぞれ非空な集合であり，$X_1 \times X_2$ 上の関係 $\succsim$ があるとする．このとき三つ組の集合 $(X_1, X_2, \succsim)$ は，下記の条件を満たしているとき，その時に限り，加法コンジョイント構造（additive conjoint structure）と呼ぶ．

1) 弱順序
2) 独立性（定義1）
3) トムセン条件（定義3）
4) アルキメデス性（定義4）
5) 制限付可解性（定義6）
6) 各属性が本質的である（定義7）

加法コンジョイント構造の表現定理（Krantz et al., 1971）　三つ組の集合 $(X_1, X_2, \succsim)$ が加法コンジョイント構造であるとする．このとき X_1, X_2 のそれぞれから実数への関数 ϕ_1 と ϕ_2 が存在し，$a, b \in X_1, p, q \in X_2$ に対して，

$$(a, p) \succsim (b, q) \Leftrightarrow \phi_1(a) + \phi_2(p) \geq \phi_1(b) + \phi_2(a)$$

となる．

また，それぞれの関数は正の線形変換の ϕ_1', ϕ_2' の範囲で一意である．すなわち，$\phi_1' = \alpha \phi_1 + \beta_1$, $\phi_2' = \alpha \phi_2 + \beta_2$，ただし，$\alpha > 0$.

この定理は，選好関係が加法コンジョイント構造を有していると，加法系の効用で選好関係を表現でき，さらに，この効用関数が正の線形変換をしてもその本質的な特徴は変化しないことを示している．このことは，加法コンジョイント測定で計測される効用は，間隔尺度であることを意味している．

4

状況依存性と状況依存的焦点モデル

本章では，状況依存性について説明し，状況依存的焦点モデルについて解説を行う．

これまでの意思決定を説明する理論の多くは，確実性下における意思決定というよりも，むしろリスク下や不確実性下での意思決定をとりあつかっている．この理論の典型的なものが，期待効用理論であり，主観的期待効用理論である．近年では，非線形効用理論（Fishburn, 1988）と呼ばれる新しい理論が提案されているが，このような新しいモデルでも，十分に説明されていない問題がある．それは，フレーミング効果と呼ばれる記述普遍性（description invariance：Tversky & Kahneman, 1986）を逸脱する現象である．このほかにも意思決定現象は状況によって規定されることが多い．そこで，この章では意思決定の状況依存性について説明し，次にフレーミング効果を中心に説明する状況依存的焦点モデル（竹村，1994；藤井・竹村，2001）の基本的な解説を行う．

4.1 状況依存的意思決定について

意思決定の現象の中で最も典型的な事態は，状況依存的な意思決定であると言える．「状況依存性」は，より頻繁により広範囲に観察できる現象であり，少なくとも，以下のようなものがある（竹村，1998）．これらの 1)〜7) の状況依存性は，背反なものではなく，複数が同時に生起し得るものである．意思決定の状況依存性は下記のように広義に定義することができる（竹村，1998）．

1) 時点による依存性　判断や意思決定の時点が異なることによって心的過程が相違したり，判断や決定結果が相違する現象である．より短期には，あ

る判断や意思決定での心的過程の時系列変化があり，通常は，数日後の判断や意思決定の変化が問題にされる．より長期には，発達的変化がある．

2) 場所による依存性　　判断や意思決定の場所が異なることによって心的過程が相違したり，判断や決定結果が相違する現象である．

3) 対人関係による依存性　　判断や意思決定をする対人的状況が異なることによって心的過程が相違したり，判断や決定結果が相違する現象である．この場合の対人状況には，人が異なる場合とその人の状態が異なる場合がある．

4) 手続きによる依存性　　判断や意思決定の手続きが異なることによって，心的過程が相違したり，判断や決定結果が相違する現象である．これには，マッチング課題や選択課題のように意思決定の手続きによって決定結果が異なる手続普遍性（procedure invariance：Tversky, Slovic, & Kahneman, 1990）を逸脱する反応モード効果の現象があげられる．

5) 表現による依存性　　判断や意思決定に必要な情報の表現形式が異なることによって心的過程が相違したり，判断や決定結果が相違する現象である．これには，フレーミング効果と呼ばれる記述普遍性（description invariance：Tversky & Kahneman, 1986）を逸脱する現象があげられる．

6) その他の外的環境による依存性　　判断や意思決定時のその他の外的環境が異なることによって心的過程が相違したり，判断や決定結果が相違する現象である．

7) 内的状態による依存性　　判断や意思決定時の内的状態が異なることによって心的過程が相違したり，判断や決定結果が相違する現象である．たとえば，感情の状態などがあげられる．

4.2　なぜ状況依存的意思決定は説明することが困難なのか

この問題を考えるひとつの例として「表現による依存性」の問題を考えてみよう．これは，フレーミング効果と呼ばれる現象に顕著にあらわれている．このフレーミング効果を例証をするために，以下のような状況を想定してみる．ある人が医師の診断により，内臓に悪性腫瘍が見つかり，外科的手術を受けることを担当医に勧められたとする．その担当医は，「これまで1000人の患者の

手術をしていますが，950人が5年以上生存しています．手術を受けられたらいかがでしょうか」と言われるときと，「これまで1000人の患者の手術をしていますが，50人が5年未満で死亡しています．手術を受けられたらいかがでしょうか」と言われたときとでは，手術を受けようと思う気持ちは大幅に変化すると考えられる（竹村，1996）．前者の表現は，生存を強調した意思決定の心理的枠組みであるポジティブ（肯定的な）な決定フレーム（decision frame）を強調していると考えられるのに対して，後者の表現は死亡を強調したネガティブな（否定的な）決定フレームを強調していると考えられる．多くの人間は，前者の言語表現による情報を与えられた方が後者よりも手術を受ける意思決定が促進されるだろうが，そのような決定結果の差異が認められる現象がフレーミング効果である．

トゥベルスキーとカーネマン（Tversky & Kahneman, 1981）は，このフレーミング効果を最初に組織的に研究し，フレーミング効果研究の典型となるような以下のような意思決定問題を考えて，実証研究を行った．

問題：「アメリカで600人を死に至らしめると予想される特殊なアジアの病気が突発的に発生したとします．この病気を治すために2種類の対策が提案されました．これらの対策の正確な科学的推定値は以下のとおりです．あなたなら，どちらの対策を採用しますか．」

まず，彼らは，307名の大学生を2群に分け，生存を強調したフレームの条件（ポジティブ・フレーム条件）の152名には，以下のような表現で選択肢を提示した．

対策A：「もしこの対策を採用すれば200人が助かります．」

対策B：「もしこの対策を採用すれば600人が助かる確率は3分の1で，誰も助からない確率は3分の2です．」

その結果，対策Aを72パーセントが選び，対策Bを28パーセントが選んだ．

一方，彼らは，残りの155名には，同じ意思決定問題であるが，死亡の側面から表現したフレームの条件（ネガティブ・フレーム条件）の以下のような対策を提示した．

対策C：「もしこの対策を採用すれば400人が死亡します．」

対策D：「もしこの対策を採用すれば誰も死なない確率は3分の1であり，

600 人が死亡する確率は 3 分の 2 です.」

　ここで，対策 A と対策 C，そして，対策 B と対策 D は言語表現を変えただけであることに注意していただきたい．表現は異なるが，同じ内容を指しており，その指し示す本質的意味は同じであると考えられる．すなわち，「助かる」は「死なない」ということであり，「助からない」は，「死ぬ」という意味である．それにもかかわらず，対策 C を選んだ学生は 22 パーセントで，対策 D を選んだのは 78 パーセントであった．この選択パターンの逆転は，フレーミング効果を示している．トゥベルスキーとカーネマン（1981）は，ポジティブ・フレーム条件のように，利得の側面が強調されて表現される時には，ほとんどの被験者は対策 A(＝C) を採択するが，ネガティブ・フレーム条件のように，決定問題の損失の側面が強調されて表現される時には，ほとんどの被験者は対策 D(＝B) を採択することを報告している．対策 A(＝C) は，生存者数の期待値は対策 B と同じでも確実な選択肢であるので，これを選んだ人はリスク回避的であるとみなされる．一方，対策 B(＝D) は，生存者数の期待値は対策 A と同じだが不確実性の高い選択肢であるので，これを選んだ人はリスク志向的であるとみなされる．

　トゥベルスキーとカーネマン（1981, 1986）は，この意思決定におけるフレーミング効果は非常に頑健な現象であることを報告している．彼らは，フレーミング効果が，知覚における錯視現象と同様に，その矛盾に事後的に気付くことはあっても，その過程においては，矛盾した判断をしてしまうことを説いている．

　指し示す対象がまったく同じなら同じ意味を持つとする外延的な意味の観点からみると，フレーミング効果は不可思議な現象である．フレーミング効果が存在することは，外延的には同一の意思決定問題であったとしても，異なる意思決定が行われることを意味しており，外延的に定義される対象であれば，その理論的帰結が同じになるとする記述不変性（description invariance）の原理（Arrow, 1982）を逸脱することになる．記述不変性というのは，言い方や記述の仕方によって結果が変わらないことを要請している．ほとんどの数理科学は，記述不変性を仮定しているので，フレーミング効果は，それらの理論から説明できないのである．

4.3 状況依存的焦点モデルの基本的考え方

本書で説明する状況依存的焦点モデルでは，フレーミング効果は，プロスペクト理論のように，フレーミングによって参照点が変化すると考えるのではなく，基本的には，結果の価値と不確実性への焦点の当て方が状況によって変わると考える．これは，図4.1に示されるように，ポジティブ・フレーム条件では，可能な結果の価値（たとえば，得られる可能性のある金額）よりも確実性に相対的な重みをかけ，リスク回避志向になり，ネガティブ・フレーム条件では，不確実性の減少よりも可能な結果の価値に相対的な重みをかけ，リスク志向になると考える．これは，フレーム条件だけではなく，いろいろな状況の条件によって不確実性に注意がより焦点化されるとリスク回避的になり，結果の大きさに注意が焦点化されるとリスク志向的になることを予想する（図4.2参照）．より比喩的に述べると，ポジティブ・フレーム条件では，意思決定者は，何よりも確実なことが重要であると考え，ネガティブ・フレーム条件では，得られる可能な利得の大きさに目がくらんで確実性を相対的に過小評価すると考

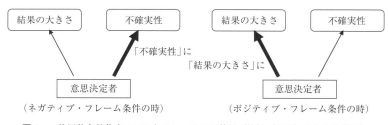

図4.1 状況依存的焦点モデルとフレーミング効果（竹村（1994）をもとに作図）

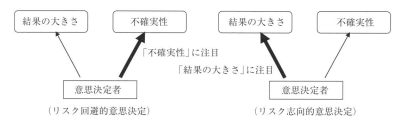

図4.2 状況依存的焦点モデルと注意の当たり方（竹村（1994）をもとに作図）

える.このモデルは,以下に示すように,極めて単純な形式をとっている.

ある選択肢の結果の集合を $X=\{X_1, X_2, X_3 ...\}$,[0, 1]区間の値をとる確率の集合を $P=\{P_1, P_2, P_3 ...\}$ とし,選択の対象を直積集合 $X \times P$ で考える.たとえば,トゥベルスキーとカーネマン(Tversky & Kahneman, 1981)の研究で言うと,助かる人数の 200 人が X_1 でも良いし,助かる確率である 1/3 が P_2 などと考えても良い.現状の価値をゼロとし,ある選択肢 $a_j=(X_j, P_j)$ のポジティブ・フレーム条件での価値 $U_P[F_P(X_j), G_P(P_j)]$ およびネガティブ・フレーム条件での価値 $U_N[F_N(X_j), G_N(P_j)]$ を,以下のような関数で考える.

$$U_P[F_P(X_j), G_P(P_j)]=F_P(X_j) \cdot G_P(P_j)$$
$$U_N[F_N(X_j), G_N(P_j)]=F_N(X_j) \cdot G_N(P_j)$$

ここで,関数 $F_i, i=P, N$ は,それぞれ,結果の価値を主観的に変換する関数であり,$G_i, i=P, N$ は確率を主観的に変換する関数であり,$U_i, i=P, N$ は F_i と G_i を総合評価する関数である.この例では,フレーミング効果を説明するために,ポジティブ・フレーム条件とネガティブ・フレーム条件を考えているが,そのような状況だけでなく,ある与えられた状況と別の状況での意思決定のパターンの違いを説明するために,状況に応じた選択パターンを状況依存的焦点モデルでは考えている.

さらに,後に述べる仮定を入れると,2 つの選択肢間の選好関係は,$F(X_j)^{\alpha_i} \cdot G(P_j)^{\beta_i}, i=P, N$ さらには,$w_i=\alpha_i/\beta_i$ とすると,$F(X_j)^{w_i} \cdot G(P_j)$ の値の大小関係と同値になる.ここで,α_i, β_i, w_i は,各フレーム条件に固有のパラメータである.つまり,$U_i[F_i(X_j), G_i(P_j)], i=P, N$ は,両フレーミング条件に共通する関数 F と G とその各フレーミング条件に固有のべき指数 α_i, β_i, w_i によって,表現されることになる.したがって,α_i と β_i の焦点の当て方の相対的関係によって,フレーミング効果が生じると考えることになる.ここで,興味深いことは,このモデルの総合評価関数 U_i を加法形に変形し,関数 F, G のべき指数部分を消去して単純な荷重に変えると,トゥベルスキー・サタス・スロビック(Tversky, Sattath, & Slovic, 1988)の選択課題とマッチング課題との矛盾を説明する状況依存的荷重モデル(contingent weighting model)と数理的には同形式になることである.

4.4 状況依存的焦点モデルの定式化

4.4.1 状況依存的焦点モデルの基本仮定と定式化

このモデルにとって,どのような仮定がこのモデルの背後にあるのかを明らかにするために,定式化の過程を示す.先に定義したように,ある選択肢の結果の集合を $X=\{X_1, X_2, X_3, ...\}$,確率の集合を $P=\{P_1, P_2, P_3, ...\}$ とし,選択の対象を直積集合 $X \times P$ で考える.ここで弱順序性を満たす選好関係(比較可能性と推移性とを満たす選好関係)$\gtrsim_P$ と $\gtrsim_N$ を,それぞれ,ポジティブ・フレーム条件における選好関係,ネガティブ・フレーム条件における選好関係とする.

ここで,各フレーム条件において,すべての属性の値について,一方の属性の値が他の属性の固定された値と独立であることを仮定する.すなわち,任意の $X_1, X_2 \in X, P_1, P_2 \in P$ に関して,

$$(X_1, P_1) \gtrsim_i (X_2, P_1) \Leftrightarrow (X_1, P_2) \gtrsim_i (X_2, P_2),$$
$$(X_1, P_1) \gtrsim_i (X_1, P_2) \Leftrightarrow (X_2, P_1) \gtrsim_i (X_2, P_2)$$

ここで,$i=P, N$ である.

以上の仮定と選好関係 $\gtrsim_i$ の弱順序性,$X \times P$ の同値類が $\gtrsim_i$ 順序稠密な可算部分集合を持つという仮定により,X, P および $Re \times Re$ 上で定義される以下のような関係を示す関数 F_i, G_i, U_i が存在することが導かれ,さらに,これらの仮定は以下の関数の存在の必要十分条件であることがわかる(Krantz, Luce, Suppes, & Tversky, 1971).すなわち,任意の $X_1, X_2 \in X, P_1, P_2 \in P$ に関して,

$$(X_1, P_1) \gtrsim_i (X_2, P_2) \Leftrightarrow U_i[F_i(X_1), G_i(P_1)] \geq U_i[F_i(X_2), G_i(P_2)] \quad (4.1)$$

ただし,$U_i, i=P, N$ では,その各引数の単調増加関数である.

(4.1)式は,フレーミング効果を説明する状況依存的焦点モデルの一般形である.

さて,ここで,任意の $X_1, X_2 \in X, P_1, P_2 \in P$ に関して,以下の関係を仮定する.

$$(X_1, P_1) \gtrsim_P (X_2, P_1) \Leftrightarrow (X_1, P_1) \gtrsim_N (X_2, P_1),$$
$$(X_1, P_1) \gtrsim_P (X_1, P_2) \Leftrightarrow (X_1, P_1) \gtrsim_N (X_1, P_2),$$

この仮定は，以下の単調性の関係の必要十分条件になっている．

$$F_P(X_1) \geqq F_P(X_2) \Leftrightarrow F_N(X_1) \geqq F_N(X_2),$$
$$G_P(P_1) \geqq G_P(P_2) \Leftrightarrow G_N(P_1) \geqq G_N(P_2) \qquad (4.2)$$

つまり，F_P と F_N，G_P と G_N は，それぞれ，単調増大変換に関して一意性を持つので，ポジティブ・フレーム条件であっても，ネガティブ・フレーム条件であっても，結果と確率に関する各関数は順序を保存しているということになる．ただし，ここで，注意しなければいけないことは，関数 $U_P[F_P(X_j), G_P(P_j)]$ と $U_N[F_N(X_j), G_N(P_j)]$ は，必ずしも単調増大変換に関して一意性を持たないので，選好順序は保存されず，フレーミング効果による選好逆転を説明することになることである．

ここで，一般形のモデルを，さらに特定するために，その無差別曲線を微分可能と仮定し，F'_i，G'_i を，それぞれ X_j，P_j による U_i の偏導関数とする．すなわち，

$$F'_i(X_j) = \frac{\partial}{\partial X_j} U_i[F_i(X_j), G_i(P_j)]$$

$$G'_i(P_j) = \frac{\partial}{\partial P_j} U_i[F_i(X_j), G_i(P_j)]$$

さらに，その比 RS_i をつぎのように定義する．

$$RS_i(X_j, P_j) = F'_i(X_j) / G'_i(P_j) \qquad (4.3)$$

ここで，$RS_P(X_j, P_j) / RS_N(X_j, P_j) = f(X_j, P_j)$
と一般的には考えられるが，単純化して，無差別曲線上の各点において，RS_P と RS_N との比が一定であると仮定する．この仮定は，(4.2) 式の必要条件になっていることは明らかである．すなわち，

$$RS_P(X_j, P_j) / RS_N(X_j, P_j) = K \qquad (4.4)$$

ただし，K は定数である．

さらに，関数 U_i を特定化する必要がある．選択とマッチングの矛盾を説明するトゥベルスキーら（Tversky et al., 1988）の状況依存的荷重モデルでは，U_i に線形関数を仮定しているが，ここでは，リスク下での意思決定を扱うので，結果の値の関数と確率値の関数との積による表現をとることが，これまでの意

4.4 状況依存的焦点モデルの定式化

思決定理論の研究や心理学的研究の結果を考慮すると，望ましいと考えられる．少なくとも，結果の値の関数と確率値の関数との和や差や商を用いるよりも積を採用することは適切であると考えられる．これにより，以下の式が仮定されることになる．すなわち，

$$(X_1, P_1) \succsim_i (X_2, P_2) \Leftrightarrow F_i(X_1) \cdot G_i(P_1) \geqq F_i(X_2) \cdot G_i(P_2), i = P, N \quad (4.5)$$

ここで，$F_i(X_j)$, $G_i(P_j)$ が正の値をとるとして，(4.5) 式の両辺の対数をとると，(4.5) 式は，以下の関係と同値となる．

$$\Leftrightarrow \log F_i(X_1) + \log G_i(P_1) \geqq \log F_i(X_2) + \log G_i(P_2), i = P, N, \quad (4.6)$$

さて，(4.1) 式が成立するとすると，任意の $X_1, X_2, X_3, \in X, P_1, P_2, P_3 \in P$ に関して，以下のクランツら (1971) の相殺性 (cancellation) の条件を仮定することが，(4.6) 式の対数線形モデルが成立することの必要十分条件になっていることは，加法形への表現定理 (Krantz et al., 1971) より容易に導くことができる．

$$(X_1, P_2) \succsim_i (X_2, P_3) \wedge (X_2, P_1) \succsim_i (X_3, P_2) \Leftrightarrow (X_1, P_1) \succsim_i (X_3, P_3), i = P, N,$$

ここで，(4.6) 式の対数線形モデルを (4.3) 式に代入すると，

$$RS_i(X_j, P_j) = \frac{\dfrac{1}{F_i(X_j)}}{\dfrac{1}{G_i(P_j)}} \cdot \frac{\dfrac{d F_i(X_j)}{dX_j}}{\dfrac{d G_i(P_j)}{dP_j}}$$

この結果を，(4.4) 式に代入すると，

$$\frac{F_N(X_j)}{F_P(X_j)} \cdot \frac{\dfrac{d F_P(X_j)}{dX_j}}{\dfrac{d F_N(X_j)}{dX_j}} = K \frac{G_N(P_j)}{G_P(P_j)} \cdot \frac{\dfrac{d G_P(P_j)}{dP_j}}{\dfrac{d G_N(P_j)}{dP_j}}$$

となり，左辺は X_j のみによる関数，右辺は P_j のみによる関数であるので，右辺と左辺は定数となり，以下の関係が導かれる．

$$\frac{1}{F_P(X_j)} \frac{d F_P(X_j)}{dX_j} = \frac{\alpha^*}{F_N(X_j)} \frac{d F_N(X_j)}{dX_j} \quad (4.7)$$

$$\frac{1}{G_P(P_j)} \frac{d G_P(P_j)}{dP_j} = \frac{\beta^*}{G_N(P_j)} \frac{d G_N(P_j)}{dP_j} \quad (4.8)$$

ただし，α^*, β^* は定数である．

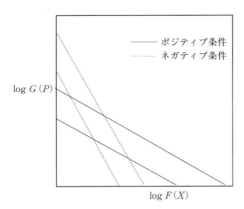

図 4.3 状況依存的焦点モデルの無差別曲線（竹村，1994）

さらに，(4.7) 式，(4.8) 式は，それぞれ (4.9) 式，(4.10) 式と等しいことは明らかである．

$$\frac{d \log F_P(X_j)}{dX_j} = \alpha^* \frac{d \log F_N(X_j)}{dX_j} \quad (4.9)$$

$$\frac{d \log G_P(P_j)}{dP_j} = \beta^* \frac{d \log G_N(P_j)}{dP_j} \quad (4.10)$$

したがって，(4.9) 式，(4.10) 式の両辺をそれぞれ積分すると，以下の関係が得られる．

$$\log F_P(X_j) = \alpha^* \log F_N(X_j) + \gamma$$
$$\log G_P(P_j) = \beta^* \log G_N(P_j) + \delta$$

ただし，α^*，β^*，γ，δ は定数である．

以上により，F_i と G_i による U_i の偏導関数の比率に関する (4.4) 式 U_i の性質に関する (4.6) 式を仮定することにより，X，P 上で定義される以下の関数 F，G と定数 α，β が存在し，任意の $X_1, X_2 \in X, P_1, P_2 \in P$ に関して，以下の関係が成り立つことがわかる．

$(X_1, P_1) \succsim_i (X_2, P_2)$
$\Leftrightarrow \alpha_i \log F(X_1) + \beta_i \log G(P_1) \geqq \alpha_i \log F(X_2) + \beta_i \log G(P_2), i = P, N,$
$\Leftrightarrow w_i \log F(X_1) + \log G(P_1) \geqq w_i \log F(X_2) + \log G(P_2), i = P, N, \quad (4.11)$

ただし，$w_i = \alpha_i / \beta_i, i = P, N,$ であり，$F(X_j), G(P_j)$ は正の値をとるものとする．

ここで，横軸に $\log F(X_j)$ を縦軸に $\log G(P_j)$ をとった無差別曲線を図4.3に示す．これによると，それぞれの無差別曲線の傾きは，ポジティブ・フレーム条件が $-w_P$，ネガティブ・フレーム条件が $-w_N$ になっている．

4.4.2 リスク態度と状況依存的焦点モデル

リスク態度というのは，期待効用理論の体系の中では，期待値がゼロになるようなギャンブル（公平なギャンブルという）に対する選好で定義することができる．まず，リスク回避的というのは，最終的な資産レベルがギャンブル L で決められるよりも，資産レベルが確定しているリスクのないギャンブル（すなわち，確実に L の期待値 $E(x,L)$ が得られる）のほうが好ましいと判断することである（すなわち，$E(u,L)<u(E(x,L))$ を満たすことになる）．また，リスク中立的であるというのは，最終的な資産レベルがギャンブル L で決められることと，リスクのないギャンブル（すなわち，確実に L の期待値 $E(x,L)$ が得られる）とが無差別であると判断することである（すなわち，$E(u,L)=u(E(x,L))$ を満たす）．さらに，リスク志向的であるというのは，最終的な資産レベルがギャンブル L で決められるほうが，資産レベルの確定しているリスクのないギャンブルより好まれる場合である．すなわち，$E(u,L)>u(E(x,L))$ であるとき，リスク志向的であるといわる．

状況依存的焦点モデルは，あるギャンブルの結果 X が確率 P でもらえて，価値がゼロの結果が確率 $1-P$ であるような単純化した状況で考えている．先に示したように，結果 X と確率 P に関する総合評価関数を

$$U_i[F_i(X_j), G_i(P_j)] = X_j^{w_i} \quad P_j$$

とすると，状況依存焦点モデルでは，リスク態度は w_i が1より大きいか小さいかで規定されることになる．ここで，w_i が1より小さいと（すなわち，$w_i<1$ ならば），

$$X_j^{w_i} P_j < X_j P_j$$

となるので，リスク回避的であり，w_i が1より大きいと（すなわち，$w_i>1$ ならば），

$$X_j^{w_i} P_j > X_j P_j$$

となり，リスク回避的であり，また，w_i が1に等しいと（すなわち，$w_i=1$ な

らば),リスク中立的になる.

また,結果 X と確率 P に関する総合評価関数を
$$U_i[F_i(X_j), G_i(P_j)] = X_j{}^{\alpha_i} P_j{}^{\beta_i}$$
とすると,状況依存焦点モデルでは,リスク態度は α_i が β_i より大きいか小さいかで規定されることになる.ここで,α_i が β_i より小さいと(すなわち,$\alpha_i < \beta_i$ ならば),
$$X_j{}^{\alpha_i} P_j{}^{\beta_i} < (X_j P_j)^{\alpha_i}$$
となるので,リスク志向的であり,α_i が β_i より小さいと(すなわち,$\alpha_i > \beta_i$ ならば),
$$X_j{}^{\alpha_i} P_j{}^{\beta_i} > (X_j P_j)^{\alpha_i}$$
となるので,リスク回避的である.また,α_i が β_i に等しいと(すなわち,$\alpha_i = \beta_i$ ならば),リスク中立的になる.

さらに,より一般的には,$U_i[F_i(X_j), G_i(P_j)]$ が $U_i[F_i(X_j P_j)]$ の大小関係でリスク態度を定義できる.

しかし,このような定義は,あるギャンブルの結果 X がひとつで,もう一方の結果の価値がゼロである場合の定式化でのみ成り立つ.

このように,リスク態度を,単純化された状況依存的焦点モデルのパラメータ w_i によって測定することができるのである.これらの関係を図示するために,焦点パラメータと価値関数の形状を図 4.4 に示した.

次に,より複雑な状況におけるリスク態度について考察する.リスク下の意思決定で,複数の結果があるようなギャンブル(プロスペクト)を考えると,事態はより複雑である.この場合は,期待効用理論のような体系を考えるか,期待効用理論に類似しているが確率の関数と結果の価値の関数の積和を考えるのか,それとものちに説明するようなショケ積分による非線形期待効用理論を考えるかによって考察は異なってくる.

先には,結果 X と確率 P に関する総合評価関数を
$$U_i[F_i(X_j), G_i(P_j)] = X_j{}^{w_i} P_j$$
と単純化して考えたが,少しだけ一般化して
$$U_i[F_i(X_j), G_i(P_j)] = F_i(X_j) P_j$$
と表現でき,さらに,総合評価が上記の項の和になっている場合,すなわち,

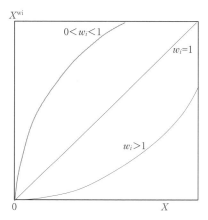

図 4.4 焦点化パラメータとリスク態度

$$E(u, L) = \sum_{j=1}^{n} F_i(X_j) P_j$$

と表現できる場合のリスク態度を考察してみよう．そのようにすると，以下のようなリスク態度の性質が導出できる．

状況依存焦点モデルを仮定したリスク態度についての性質

複数の結果に関して

$$E(u, L) = \sum_{j=1}^{n} F_i(X_j) P_j$$

となるような総合評価形式が仮定される場合に下記の性質が成り立つ．

a. リスク回避性

①意思決定者がリスク回避的であるならば，またそのときに限り価値関数 $F_i(X_j)$ は凹関数（狭義凹関数）となる．凹関数（狭義凹関数）とは，任意の異なる 2 点 x, y と開区間 $(0,1)$ 内の任意の t に対して，

$$F_i(tx+(1-t)y) > tF_i(x)+(1-t)F_i(y)$$

が成り立つことである．

②また，状況依存的焦点モデルを

$$E(u, L) = \sum_{j=1}^{n} X_j^{w_i} P_j$$

とした場合に，$w_i < 1$ のとき，またそのときに限り，意思決定者はリスク回避

的である．

b. リスク中立性

①意思決定者がリスク中立的であるならば，またそのときに限り価値関数 $F_i(X_j)$ は線形関数となる．線形関数とは，任意の異なる2点 x, y と開区間 $(0, 1)$ 内の任意の t に対して，

$$F_i(tx+(1-t)y) = tF_i(x) + (1-t)F_i(y)$$

が成り立つことである．

②また，状況依存的焦点モデルを

$$E(u, L) = \sum_{j=1}^{n} X_j^{w_i} \quad P_j$$

とした場合に，$w_i = 1$ のとき，またそのときに限り，意思決定者はリスク中立的である．

c. リスク志向性

①意思決定者がリスク志向的であるならば，またそのときに限り価値関数 $F_i(X_j)$ は凸関数（狭義凸関数）となる．凸関数（狭義凸関数）とは，任意の異なる2点 x, y と開区間 $(0, 1)$ 内の任意の t に対して，

$$F_i(tx+(1-t)y) < tF_i(x) + (1-t)F_i(y)$$

が成り立つことである．

②また，状況依存的焦点モデルを

$$E(u, L) = \sum_{j=1}^{n} X_j^{w_i} \quad P_j$$

とした場合に，$w_i > 1$ のとき，またそのときに限り，意思決定者はリスク志向的である．

リスク態度についての性質の証明

上記に示したいくつかの性質を証明してみよう．

まず，a のリスク回避性に関する定理について証明する．確率 p で結果 x が生じて，確率 $(1-p)$ で結果 y が生じるギャンブルを考える．リスク回避的な意思決定者に対して，リスク回避の定義により，

$$F_i(px+(1-p)y) > pF_i(x) + (1-p)F_i(y)$$

が成り立つ．この式は，F_i が凹関数であることの定義そのものであるので，

リスク回避的な意思決定であれば F_i が凹関数であることがわかる．また，一方，F_i を凹関数とすると，すべての $x_1,\cdots,x_n \in X$ と $\alpha_1,\cdots,\alpha_n \in (0,1)$，ただし，$\sum_{j=1}^{n}\alpha_j=1$ に対して，

$$F_i\left(\sum_{j=1}^{n}\alpha_j x_j\right) \geq \sum_{j=1}^{n}\alpha_i F_i(x_j)$$

が成り立つ．ただし，等式が成り立つのは，すべての $x_1=\cdots=x_n$ が成り立つときだけである．そうすると，確率 $p_1,\cdots p_n \in (0,1)$，ただし，$\sum_{i=1}^{n}p_i=1$ で，$x_1,\cdots,x_n \in X$ が生じるギャンブルについて，

$$F_i\left(\sum_{j=1}^{n}p_j x_j\right) > \sum_{j=1}^{n}p_j F_i(x_j)$$

となることがわかる．したがって，価値関数 F_i が凹関数とするならば，リスク回避的な意思決定になることになる．

また，単純化された状況依存的焦点モデルにおいて，$w_i < 1$ ならば，任意の異なる2点 x,y と開区間 $(0,1)$ 内の任意の t に対して，

$$F_i(tx+(1-t)y)=(tx+(1-t)y)^{w_i} > tF_i(x)+(1-t)F_i(y) = tx^{w_i}(1-t)y^{w_i}$$

となるので，価値関数 F_i が凹関数となり，リスク回避的な意思決定になることになる．これにより，リスク回避性に関する定理は証明された．

リスク中立性，リスク志向性についての性質についても同様に，証明することができる．

4.5　状況依存的焦点モデルの表現定理

このように，(4.4) 式と (4.6) 式により，(4.11) 式が得られることがわかったが，この式が成立することの条件は，どのようなものなのであろうか．加法形への表現定理により，(4.6) 式が成立するか否かは，順序尺度水準の選好関係から確認できることがわかっている．しかし，(4.4) 式の仮定を加えることにより，順序尺度水準の選好関係からは必ずしもモデルの妥当性の確認ができないかもしれない．そこで，この問題について考察する．

結論から先に述べると，(4.11) 式は，トゥベルスキーら (1988) が示したインターロッキング条件と同値になるので，順序尺度水準の選好関係から，モ

デルが成立するか否かを確認できることになる．この条件は，任意の $X_1, X_2,$ $X_3, X_4 \in X, P_1, P_2, P_3, P_4 \in P$ に関して，以下の関係が成り立つことを言う．

$$(X_3, P_1) \gtrsim_P (X_4, P_2) \land (X_4, P_4) \gtrsim_P (X_3, P_3) \land (X_2, P_2) \gtrsim_N (X_1, P_1)$$
$$\Leftrightarrow (X_2, P_4) \gtrsim_N (X_1, P_3)$$

なお，この条件は，属性 X, P と選好関係 $\gtrsim_P$, $\gtrsim_N$ を相互に入れ替えても，上記の関係が成立することを要求する．

まず，(4.11) 式が成り立てば，このインターロッキング条件が成立することを明らかにしよう．上の条件の左辺の各項別に，(4.11) 式の対数線形モデルで表現すると，

$$w_P \log F(X_3) + \log G(P_1) \geqq w_P \log F(X_4) + \log G(P_2)$$
$$\Leftrightarrow \log G(P_1) - \log G(P_2) \geqq w_P [\log F(X_4) - \log F(X_3)]$$
$$w_P \log F(X_4) + \log G(P_4) \geqq w_P \log F(X_3) + \log G(P_3)$$
$$\Leftrightarrow w_P [\log F(X_4) - \log F(X_3)] \geqq \log G(P_3) - \log G(P_4)$$
$$w_N \log F(X_2) + \log G(P_2) \geqq w_N \log F(X_1) + \log G(P_1)$$
$$\Leftrightarrow w_N [\log F(X_2) - \log F(X_1)] \geqq \log G(P_1) - \log G(P_2)$$

以上により，

$$w_N [\log F(X_2) - \log F(X_1)] \geqq \log G(P_3) - \log G(P_4)$$
$$\Leftrightarrow w_N \log F(X_2) + \log G(P_4) \geqq w_N \log F(X_1) + \log G(P_3)$$

となり，(4.11) 式が成り立てば，このインターロッキング条件が成立することが明らかになった．

つぎに，(4.6) 式の対数線形モデルが成立している条件において，インターロッキング条件が成立する時，その時に限り (4.11) 式が成り立つことを明らかにする．

(4.6) 式の対数線形モデルが成立している条件において，インターロッキング条件を適用すると，以下の関係が得られる．

$$\log F_i(X_2) - \log F_i(X_1) \geqq \log F_i(X_4) - \log F_i(X_3) \quad \text{かつ}$$
$$\log G_i(P_1) - \log G_i(P_2) \geqq \log G_i(P_3) - \log G_i(P_4)$$

この関係は，フレーム条件に独立に得られており，各属性内においては，両

条件の選好順序が同じであることを示している．また，$\log F_P$ と $\log F_N$，$\log G_P$ と $\log G_N$ は，いずれも間隔尺度としての条件を満たすことになるので，互いに線形変換可能であり，以下の関係が成り立つ．

$(X_1, P_1) \succsim_i (X_2, P_2)$

$\Leftrightarrow \alpha_i \log F(X_1) + \beta_i \log G(P_1) \geq \alpha_i \log F(X_2) + \beta_i \log G(P_2)$

$\Leftrightarrow w_i \log F(X_1) + \log G(P_1) \geq w_i \log F(X_2) + \log G(P_2), i = P, N,$ (4.12)

これらにより，(4.6) 式の対数線形モデルが成立している条件において，インターロッキング条件が成立することが (4.11) 式が成り立つ必要十分条件であることが明らかになった．さらに，(4.6) 式が成立することは，(4.5) 式が成立することと同値であるので，(4.5) 式の必要十分条件は，(4.1) 式の条件と相殺性の条件が成立するという加法コンジョイント系の条件（Krantz et al., 1971）ということになる．したがって，加法コンジョイント系の条件が成立している条件においてインターロッキング条件が成立することが，(4.5) 式と (4.11) 式が成立すること，すなわち，状況依存的焦点モデルが成立する必要十分条件になっている．

したがって，以下の定理が成り立つ．

状況依存的焦点モデルの表現定理 下記の状況依存的焦点モデル (4.13) 式が成立する必要十分条件は，加法コンジョイント系の条件が成立しているもとで，インターロッキング条件が成立することである．すなわち，任意の $X_1, X_2 \in X, P_1, P_2 \in P$ に関して，

$(X_1, P_1) \succsim_i (X_2, P_2) \Leftrightarrow F(X_1)^{\alpha_i} \cdot G(P_1)^{\beta_i} \geq F(X_2)^{\alpha_i} \cdot G(P_2)^{\beta_i}$

$\Leftrightarrow F(X_1)^{w_i} \cdot G(P_1) \geq F(X_2)^{w_i} \cdot G(P_2)$ (4.13)

ただし，$w_i = \alpha_i / \beta_i, i = P, N$ である．

このように，加法コンジョイント系の条件とインターロッキング条件という順序尺度水準の選好関係から定義される条件によって，状況依存的焦点モデルが成立することが示されるのである．このことは，このモデルの妥当性の確認にあたって，意思決定者に順序尺度以上の評価を必ずしも要求しないことになり，測定においても有効であると考えられる．

5

状況依存的焦点モデルの計量の考え方と基礎実験

　本章では，状況依存的焦点モデルについての計量の考え方と基礎実験について解説を行う．状況依存的焦点モデルの計量的方法の具体例と応用については第Ⅱ部において豊富に扱うが，この章では，状況依存的焦点モデルの計量の基礎モデルとそれを利用した実験について，解説を行う．特に，記述普遍性（description invariance：Tversky & Kahneman, 1986）を逸脱するフレーミング効果を説明するためのモデルとしての状況依存的焦点モデルの計量とそれに基づく実験法について，これまでの研究例（竹村，1994；藤井・竹村，2001；竹村・胡・藤井，2001）を中心に説明する．

5.1　状況依存的焦点モデルの簡便なパラメータ推定法の考え方

　状況依存的焦点モデルでは，4章で説明したフレーミング効果による選好の逆転を，結果と確率との相対的荷重の相違によって説明し，また，ポジティブ・フレーム条件とネガティブ・フレーム条件との相違を定数 w_i で説明する．つまり，選好の強さが，両フレーミング条件に共通する関数 F と G とその各フレーミング条件に固有のべき指数 α_i, β_i, w_i によって，表現されることになる．ここで，もし w_P と w_N の比 $w=w_N/w_P$ がわかれば，ポジティブ・フレーム条件とネガティブ・フレーム条件の互いの選好を予測することが可能である．非線形効用理論などを含めても一般的な効用理論では，$w_P=w_N$，すなわち $w=1$ を暗黙に仮定していることになる．一方，トゥベルスキーとカーネマン（Tversky & Kahneman, 1981）によって報告されているフレーミング効果では，$w_P<w_N$ となるので，$w>1$ が仮定されることになる．

状況依存的焦点モデルは，後に説明するプロスペクト理論のように，フレーミングによって参照点が変化すると考えるのではなく，基本的には，結果の価値と不確実性への焦点の当て方が状況によって変わると考える．プロスペクト理論のように参照点が変化するという考え方は，観察者の立場からは，どのように参照点が変化したのかがわからず，選好や選択の予測という点では困難性が存在する．4章で説明した状況依存的焦点モデルでは，観察者の立場から意思決定者の座標系は一貫しており，意思決定者の属性への焦点の当て方が変化すると考える．このように考えると，意思決定を観察者の立場から記述しやすくなり，予測の点で便利な点がある．それでは，データによって，このパラメータ w をどのように推定できるのだろうか．これについては，第Ⅱ部において詳述されているような，ランダム効用理論を応用したパラメータ推定法が考えられるが，下記に簡便な推定法を示してみよう．一般に計量モデルは，ある程度，本来の数理モデルを単純化した形で定式化を行うことが多いが，ここでも，下記の3種類の簡易的なパラメータ推定の方法をあげてみる．

5.2 選択比率と効用が比例していると考えられる単純な推定法

まず，最初に，選択比率と効用が比例していると考えている場合を考えよう．まず，ここで，$C_P((X_1,P_1),(X_2,P_2))$，$C_N((X_1,P_1),(X_2,P_2))$ を，それぞれ，ポジティブ・フレーム条件とネガティブ・フレーム条件において，(X_1,P_1) を (X_2,P_2) より選択する人数の比率であるとする（ただし，$X_1 \geqq X_2$ となるように選択肢を並べ替えたものとする）．これらの比率は，実験データから得ることができるものである．

さて，選好の程度の比と選択率の比が比例していると仮定する．すなわち，状況依存的焦点モデルの表現系 (4.13) 式と $C_i((X_1,P_1),(X_2,P_2))$，$i=P,N$ に関して，以下の関係が成り立つと仮定する．

$$\frac{F(X_1)^{w_i} \cdot G(P_1)}{F(X_2)^{w_i} \cdot G(P_2)} = \frac{C_i((X_1,P_1),(X_2,P_2))}{C_i((X_2,P_2),(X_1,P_1))}$$

$$= \frac{C_i((X_1,P_1),(X_2,P_2))}{1 - C_i((X_1,P_1),(X_2,P_2))} \quad (5.1)$$

これにより，w は，データより推定できることになる．すなわち，

$$w = \frac{\log D_N((X_1, P_1), (X_2, P_2)) + \log(G(P_2)/G(P_1))}{\log D_P((X_1, P_1), (X_2, P_2)) + \log(G(P_2)/G(P_1))}$$

ただし，

$$D_i((X_1, P_1), (X_2, P_2)) = \frac{C_i((X_1, P_1), (X_2, P_2))}{1 - C_i((X_1, P_1), (X_2, P_2))}, \quad i = P, N$$

この仮定（5.1）は，ルースの選択公理（Luce, 1959）を満たしていることは明らかである．

なぜなら，（5.1）式を展開すると，

$$\frac{F(X_1)^{w_i} \cdot G(P_1)}{F(X_1)^{w_i} \cdot G(P_1) + F(X_2)^{w_i} \cdot G(P_2)} = C_i((X_1, P_1), (X_2, P_2))$$

となっており，ルースの選択公理を満たしているからである．

ここで簡単のために $G(P_j) = P_j$ として，トゥベルスキーとカーネマン（1981）の実験結果における w を推定してみる．彼らの研究では，アジアの病気問題で，ポジティブ・フレーム条件では，72％の実験参加者がリスクのない選択肢を選び，28％の実験参加者がリスクのある選択肢を選んだが，一方，ネガティブ・フレーム条件では，22％の実験参加者がリスクのない選択肢を，78％の実験参加者がリスクのある選択肢を選んだ．この結果から，w を推定すると 15.33 となる．すなわち，彼らの実験では，ネガティブ・フレーム条件では，ポジティブ・フレーム条件に比べて約 15 倍のべき係数を有していることになり，強いフレーミング効果を示している．

w の値は，定義式より明らかなように $\log D_N((X_1, P_1), (X_2, P_2))$ と $\log D_P((X_1, P_1), (X_2, P_2))$ との比の単調増加関数であることに注目すると，w がポジティブ・フレーム条件とネガティブ・フレーム条件の選択率の差に比例しているわけではないことがわかる．すなわち，たとえば，ポジティブ・フレーム条件で 60％の実験参加者がリスクのない選択肢を選び，ネガティブ・フレーム条件で 40％の実験参加者がリスクのない選択肢を選んだ場合の方が，ポジティブ・フレーム条件で 80％の実験参加者がリスクのない選択肢を選び，ネガティブ・フレーム条件で 60％の実験参加者がリスクのない選択肢を選んだ場合より，w の値が大きくなる．40％から 60％への差と 60％から 80％の差は

共に20％であるが，40％から60％への変化の方が過半数の選好が変化しているのでフレーミング効果がより強いと思われる．その意味でも推定される w の値は，フレーミング効果の強さをよく反映していると考えられる．

つぎに，フレーミング効果を抑制したり促進したりする心理的要因や状況的要因のパラメータについて考察する．これまでの研究が示しているように，選択率は，実験条件によって変異する（Takemura, 1992, 1993, 1994）．たとえば，竹村の研究において（Takemura, 1993），意思決定の正当化を求める条件と正当化を求めない条件とを比較した．正当化条件では，意思決定前に，意思決定の結果がいかに正しかったかを後に説明するように実験参加者に教示し，非正当化条件では，そのような教示は実験参加者に行わない．その結果，正当化条件では，ポジティブ・フレーム条件では，46％の実験参加者がリスクのない選択肢を選んだが，ネガティブ・フレーム条件では19％の実験参加者がリスクのない選択肢を選んだ．一方，非正当化条件では，ポジティブ・フレーム条件では，66％の実験参加者がリスクのない選択肢を選んだが，ネガティブ・フレーム条件では37％の実験参加者がリスクのない選択肢を選んだ．推定された w の値は，正当化条件が2.00，非正当化条件が3.71であった．

このように考えると，w の値は，フレーム条件の他に，他の心理的要因や状況的要因の関数になっていることが示唆される．ここで，ある条件で観測される w の値は，統制条件でのフレーミング効果 W_c と他の心理的要因や状況要因の効果 $W(\Psi)$ との積になっていると仮定する．すなわち，

$$w = W(\Psi)W_c \tag{5.2}$$

ただし，Ψ を心理的要因や状況的要因の集合（いくつかの要因の直積集合）とし，$W(\Psi)$ を集合 Ψ のパラメータとする．

また，要因が複数考えられる場合は，単純化して考えると，以下のように $W(\Psi)$ を表現することができる．

$$W(\Psi) = g(\Psi_1, \Psi_2, \cdots, \Psi_m) = \prod_{i=1}^{m} W_i(\Psi_i) \tag{5.3}$$

ただし，$W_i(\Psi_i)$ は，ある心理的要因あるいは状況的要因の集合 Ψ_i のパラメータとする．

(5.3) 式を (5.2) 式に代入することによって，データから $W_i(\Psi_i)$ の値を推

定できる．

たとえば，竹村の研究では (Takemura, 1993)，フレーミングの条件を実験参加者内の要因として，意思決定の正当化を行う条件と正当化を行わない条件を用いて実験を行った．この実験において，意思決定の正当化を行うような条件操作に固有の心理的パラメータを $W_E(\Psi_E)$ とすると，

$$W_E(\Psi_E) = w/W_C$$

であるので，$W_E(\Psi_E)$ は 0.54 と推定された．したがって，意思決定の正当化の条件操作は，フレーミング効果の強さを約半分にしていると解釈される．一般に，$W_i(\Psi_i) > 1$ なら要因 Ψ_i は，フレーミング効果を促進し，$W_i(\Psi_i) < 1$ ならば，フレーミング効果を抑制することになる．

5.3 選好の強さを評定できる場合の推定法

このように，状況依存的焦点モデルのパラメータを実際のデータから推定できることが明らかになったが，今まで得られたデータから，フレーミング効果を予測することができるのだろうか．ひとつの解決法は，選択データから得られたパラメータ w の値を他の選択行動に外挿することであるが，もうひとつの解決法として，以下のような方法が考えられる．すなわち，選択率ではなく，選好の直接評定の値からパラメータを推定し，予測を行う方法である．

近似的に，

$$U_i[F_i(X_j), G_i(P_j)] = X_j^{\alpha_i} \cdot P_j^{\beta_i}$$

と仮定すると，上式は，

$$\log U_i[F_i(X_j), G_i(P_j)] = \alpha_i \log X_j + \beta_i \log P_j \tag{5.4}$$

となり，さらに，両辺を $1/\beta_i$ 乗すると，以下の等式が成り立つ．

$$\frac{1}{\beta_i} \log U_i[F_i(X_j), G_i(P_j)] = w_i \log X_j + \log P_j \tag{5.5}$$

ただし，$w_i = \alpha_i/\beta_i$, $i = P, N$ である．

しかし，確率 P_j がゼロとなる場合，この対数はマイナス無限大になってしまうので，下記のように便宜的に確率に 1 を加えて推定を行う．このような措置は，確率の対数が含まれるモデルの場合に，しばしば用いられる．

すなわち，

$$\log U_i[F_i(X_j), G_i(P_j)] = \alpha_i \log X_j + \beta_i \log(1+P_j) \tag{5.6}$$

さらに，両辺を β_i で割ると，

$$\frac{1}{\beta_i}\log U_i[F_i(X_j), G_i(P_j)] = w_i \log X_j + \log(1+P_j) \tag{5.7}$$

ただし，$w_i = \alpha_i/\beta_i$, $i = P, N$ である．

5.4　誤差項がある効用を仮定した推定方法

この推定法は，II部のランダム効用モデルとの関連でも詳述されるが，ここでは，5.2の推定法との関連を持たせながら説明してみる．

まず，5.2と同様に，$C_P((X_1, P_1), (X_2, P_2))$, $C_N((X_1, P_1), (X_2, P_2))$ を，それぞれ，ポジティブ・フレーム条件とネガティブ・フレーム条件において，(X_1, P_1) を (X_2, P_2) より選択する人数の比率であるとする（ただし，$X_1 \gtrsim X_2$ となるように選択肢を並べ替えたものとする）．これらの比率は，実験データから得ることができるものである．

さて，選好に関する効用の差と選択率の対数オッズ比が比例していると仮定する．すなわち，状況依存的焦点モデルの表現系である（4.13）式と $C_i((X_1, P_1), (X_2, P_2))$, $i = P, N$ に関して，(5.1) 式の関係が成り立つと仮定する．(5.1) 式を展開すると，下記のようになる．

$$w_i \log_e[F(X_1)/F(X_2)] + \log_e[G(P_1)/G(P_2)] = \log_e\left[\frac{C_i((X_1, P_1), (X_2, P_2))}{1 - C_i((X_1, P_1), (X_2, P_2))}\right] \tag{5.8}$$

(5.8) 式は，選択確率のオッズ比の対数が，結果の価値の比の対数を焦点パラメータ倍した値と確率関数の比の対数値の和で表現できるとするものである．これは，これは，のちに示すように，ロジットモデルの考え方でデータを分析できることを示唆している．

ここで，トゥベルスキーとカーネマン（1981）が示したようなアジアの病気問題のように，期待値の等しい意思決定意問題を考えてみる．また，簡単のために，$F(X) = X, G(P) = P$ と考える．期待値が等しいので，$X_1 P_1 = X_2 P_2$ より，

(5.8) 式は，下記のようになる．

$$w_i \log_e[X_1/X_2] + \log_e[P_1/P_2] = w_i \log_e[X_1/X_2] + \log_e[X_2/X_1]$$
$$= w_i \log_e[X_1/X_2] - \log_e[X_1/X_2] = (w_i - 1)\log_e[X_1/X_2]$$
$$= \log_e\left[\frac{C_i((X_1, P_1), (X_2, P_2))}{1 - C_i((X_1, P_1), (X_2, P_2))}\right] \qquad (5.9)$$

となる．

さらに，ここで，$X_1 < X_2$ として，$P_1 = 1, P_2 < 1$ と仮定してみよう．(5.9)式の w_i が 1 に等しい場合，すなわち，$w_i = 1$ の場合は，$(w_i - 1)\log_e[X_1/X_2] = 0$ となり，このとき，$C_i((X_1, P_1), (X_2, P_2)) = 0.5$ となり，リスク中立的選択傾向を示す．また，$w_i > 1$ の場合は $(w_i - 1)\log_e[X_1/X_2] < 0$ となり，$C_i((X_1, P_1), (X_2, P_2)) < 0.5$ となり，リスク志向的選択傾向を示す．さらに，$w_i < 1$ の場合は $(w_i - 1)\log_e[X_1/X_2] > 0$ となり，$C_i((X_1, P_1), (X_2, P_2)) > 0.5$ となり，リスク回避的選択傾向を示す．状況依存的焦点モデルでは，リスク態度は w_i が 1 より大きいか小さいかで規定されることになる．このように，w_i が 1 より大きいと凸関数（下に凸な関数）になり，リスク志向的な意思決定を示す．また，w_i が 1 より小さいと凹関数（下に凹な関数）になり，リスク回避的な意思決定を示す．また，w_i が 1 に等しい場合は，線形な効用関数になり，リスク中立的な意思決定を示すことになる．

ここで，w_{ij} が，個人 j の間で分布しており，かつ，焦点化の状況依存性仮説で仮定されるように，その期待値がいろいろな実験条件の影響を確率的に受けるものと仮定してみよう．たとえば，竹村 (1993) の研究の条件で説明すると，w_{ij} は個人 j が状況 i での焦点パラメータとすると，Const は定数項，Pos はポジティブ・フレームダミー，No_Just は正当化なし条件のダミー変数，Just は正当化条件のダミー変数，α, β, χ はパラメータ，ε_j は誤差項であるとすると，

$$w_{ij} = \exp\{\text{Const} + \alpha\,\text{Pos} + \beta\,\text{No\_Just} + \chi\,\text{Just} + \varepsilon_j\} \qquad (5.10)$$

というように表現される．

なお，簡単のために結果 X と確率 P に関する関数 F, G がそれぞれ $F(X) = X, G(P) = P$ であると仮定すると，先に説明したように，状況依存的焦点モデルでは，リスク態度は w_{ij} が 1 より大きいか小さいかで規定されるこ

とになる．ここで，w_{ij}が1より大きいと凸関数（下に凸な関数）になり，リスク志向的な意思決定を示す．また，w_{ij}が1より小さいと凹数（下に凹な関数）になり，リスク回避的な意思決定を示す．また，w_{ij}が1に等しい場合は，線形の効用関数になり，リスク中立的な意思決定を示す．このことから，(5.10)式右辺のexp内の関数の正負によってリスク態度が決まることになる．以上より，実験である個人がリスク回避となる確率P(risk-averse)，リスク志向となる確率P(risk-take)は，それぞれ，

$$P(\text{risk-averse}) = P(\alpha_i/\beta_i < 1) = P(w_{ij} < 1) = P(V + \varepsilon_j < 0)$$
$$P(\text{risk-take}) = P(\alpha_i/\beta_i > 1) = P(w_{ij} > 1) = P(V + \varepsilon_j > 0)$$

ただし，$V = \text{Const} + \alpha \text{Pos} + \beta \text{No\_Just} + \chi \text{Just}$ となる．

ここで，誤差項ε_jの分布形状がロジスティック分布であると仮定するなら（たとえば，McFadden, 1973），それぞれ，

$$P(\text{risk-averse}) = \exp(V)/\{\exp(V) + 1\}$$
$$P(\text{risk-take}) = 1/\{\exp(V) + 1\}$$

ただし，$V = \text{Const} + \alpha \text{Pos} + \beta \text{No\_Just} + \chi \text{Just}$ となる．

以上に述べたような焦点化パラメータの分布に関してのパラメトリックな仮定に基づいて定式化される確率を用いて尤度を定義した上で，最尤推定法でパラメータならびに定数項を推定することができるのである．

このように，状況依存的焦点モデルでは，その定式化に基づいて，モデルのパラメータ推定法がいくつか考えられる．状況依存的焦点モデルの仮説群の中で最も基本となる重要な仮説は，意思決定時の注意の配分がリスク態度に影響を及ぼすことを含意する焦点化仮説である．しかしながら，この仮説は注意要因をコントロールする形で実験的に検証されているとは言い難い．そこで，この仮説を検証するために，意思決定時の注意を実験的に操作し，実験参加者のリスク態度が焦点化仮説が予測する方向に変化するか否かを調べるための3つの実験研究を紹介することにする．最初の2つの実験は，藤井・竹村（2001）によるものであり，最後が竹村ら（2001）によるものである．

5.5 状況依存的焦点モデルと焦点化仮説の基礎実験1：反射効果の実験

この実験に参加した者は，京都大学の学生，および職員の180名であり，実験条件として2フレーム条件（ポジティブ/ネガティブ）を操作して，それから，同時に，3つの強調条件（結果強調/強調なし/リスク強調）を設けて，すべての組み合わせで計6つの条件を設けた．そして，各条件に30名ずつ無作為に割り付けた．図5.1に実験参加者に提示した各実験条件において用いた意思決

（強調なし条件）
☐ 選択肢A：確実に2万円を得る．
☐ 選択肢B：4万円を得られる確率が50%で，何も得られない確率が50%のくじを引く．

（結果強調条件）
☐ 選択肢A：確実に**2万円だけ**を得る．
☐ 選択肢B：**4万円**も得られる確率が50%で，何も得られない確率が50%のくじを引く．

（リスク強調条件）
☐ 選択肢A：**確実**に2万円を得る．
☐ 選択肢B：4万円を得られる確率が**50% しかない**，何も得られない確率が50%のくじを引く．

(i) ポジティブ条件の場合

（強調なし条件）
☐ 選択肢A：確実に2万円を失う．
☐ 選択肢B：4万円を失う確率が50%で，何も失わない確率が50%のくじを引く．

（結果強調条件）
☐ 選択肢A：確実に**2万円だけ**を失う．
☐ 選択肢B：**4万円**も失う確率が50%で，何も失わない確率が50%のくじを引く．

（リスク強調条件）
☐ 選択肢A：**確実に**2万円を失う．
☐ 選択肢B：4万円を失う確率が**50% しかない**，何も失わない確率が50%のくじを引く．

図5.1 実験1の6つの実験条件で用いた意思決定問題（藤井・竹村, 2001）

表5.1 反射効果問題による実験結果(藤井・竹村,2001)

	ポジティブ条件		ネガティブ条件	
	リスク回避 %(N)	リスク受容 %(N)	リスク回避 %(N)	リスク受容 %(N)
リスク強調条件	90.0(27)	10.0(3)	50.0(15)	50.0(15)
統制条件	83.3(25)	16.7(5)	56.7(17)	43.3(13)
結果強調条件	63.3(19)	36.7(11)	30.0(9)	70.0(21)

定問題を示す.

この図5.1に示したように,結果強調条件では,結果の字のサイズを大きくする(実験では,非強調文字が11ポイント,強調文字が18ポイント)と共に太字とし,かつ,それを強調するための助詞を加えた.同様に,リスク強調条件では確率についての字のサイズと太さを大きくすると共に,強調するための助詞を加えている.このような実験操作による結果強調条件では,リスク強調条件に比較して,結果に対する注意量が多くなるものと考えられる.したがって,状況依存的焦点モデルの焦点化仮説により,ネガティブ条件においてもポジティブ条件においても,結果強調条件の方がリスク強調条件よりもリスク志向傾向が強いことを予測する.この実験は,質問紙を用いた面接方式で行って,実験者が実験参加者に二者択一を要請する旨を口頭で伝えてから,質問紙を提示した.

この実験の結果を表5.1に示した.これより,ポジティブ条件よりもネガティブ条件の方がリスク志向傾向が強いことがわかる.全サンプルを対象とした階層対数線形分析より,リスク態度(リスク回避とリスク受容)とポジティブ・ネガティブ条件との交互作用が有意であることが示された.また,リスク強調条件,制御条件,結果強調条件のそれぞれについて,リスク態度とポジティブ・ネガティブ条件を要因とする2要因の対数線形分析を行ったところ,いずれの条件でも,リスク態度とポジティブ・ネガティブ条件との間に有意な交互作用が認められた.以上の結果は,6章で詳述するプロスペクト理論の基盤である実証知見の1つである反射効果(reflection effect;Kahneman & Tversky, 1979)と呼ばれる現象に類似している.ただし,反射効果は,ポジティブな結果を評価する場合にはリスク回避,ネガティブな結果を評価する場合にはリスク志向となることを意味しているが,リスク強調条件や制御条件におけるネガティブ

条件では，明確なリスク回避受容傾向は現れていない．むしろ，ここで示された結果はネガティブ条件の方がポジティブ条件よりも"相対的"にリスク志向傾向が強いというものにすぎない．すなわち，この結果はプロスペクト理論の予想とは必ずしも一致しない．一方，状況依存的焦点モデルではネガティブな結果の方がポジティブな結果よりも相対的により多くの注意を集めるであろうと予測する．したがって，この結果は，プロスペクト理論よりはむしろ，状況依存的焦点モデルの基本仮説を支持している．

　次に，強調条件間のリスク態度の差異に着目する．ポジティブ条件においても，ネガティブ条件においても，リスク強調条件よりも結果強調条件の方がリスク志向傾向が強い結果となった．全サンプルを対象とした階層対数線形分析より，リスク態度（リスク回避とリスク受容）と強調条件（リスク強調，制御，結果強調の各条件）との交互作用が有意であることが示された．また，ポジティブ条件とネガティブ条件のそれぞれについて行った対数線形分析より，リスク強調条件と結果強調条件とでリスク態度に有意差があることが示されたのである．以上の結果は，結果強調条件の方がリスク強調条件よりもリスク受容傾向が強くなることを意味しており，状況依存的焦点モデルの基礎仮説である焦点化仮説，ならびに，焦点化の状況依存性仮説に基づいた予測に一致するものである．

5.6　状況依存的焦点モデルと焦点化仮説の基礎実験2：アジアの病気問題による実験

　この実験では，トゥベルスキーとカーネマン（1981）によるアジアの病気問題を用いた．実験参加者は京都大学の学生，および職員の180名であり，実験条件としては実験1と同じく2フレーム条件（ポジティブ/ネガティブ）と3つの強調条件（結果強調/強調なし/リスク強調）を組み合わた合計6つの条件を設け，各条件に30名ずつ無作為に割り付けた．強調条件については，図5.1に示したものと同様に，字の大きさ，太さ，および，助詞の有無で結果，および，リスクを強調した．なお，問題の提示方法等は，実験1と同様である．この実験の結果を表5.2に示す．

5.6 状況依存的焦点モデルと焦点化仮説の基礎実験2：アジアの病気問題による実験

表5.2 アジアの病気問題による実験結果（実験2）

	ポジティブ・フレーム条件		ネガティブ・フレーム条件	
	リスク回避 %(N)	リスク受容 %(N)	リスク回避 %(N)	リスク受容 %(N)
リスク強調条件	70.0(21)	30.0(9)	40.0(12)	60.0(18)
制御条件	60.0(18)	40.0(12)	56.7(17)	43.3(13)
結果強調条件	43.3(13)	56.7(17)	20.0(6)	80.0(24)

まず，プロスペクト理論，および，状況依存的焦点モデルの双方が予想する通り，フレーミング効果，すなわち，ポジティブ・フレーム条件ではリスク回避，ネガティブ・フレーム条件ではリスク志向となる傾向が確認された．対数線形分析より，フレーム条件間のリスク態度の差異は有意であった．また，それぞれの強調条件ごとに，リスク態度とポジティブ・ネガティブのフレーム条件を要因とする対数線形分析を行ったところ，強調なし条件では有意差は見られなかったが，結果強調条件とリスク強調条件ではフレーム間のリスク態度の差異は有意であることが示された．ただし，表5.2より，強調なし条件ではフレーム条件に関わらずリスク回避傾向が強く，結果強調条件ではフレーム条件に関わらず逆にリスク志向傾向が強いということがわかる．この結果は，プロスペクト理論の予測とは乖離したものであるが，いずれの強調条件においても，実験1でも見られたように，相対的にポジティブ・フレーム条件の方がリスク回避傾向が強いという傾向が現れている．したがって，この結果はプロスペクト理論よりはむしろ，状況依存的焦点モデルの予測に一致するものである．

次に，強調条件間のリスク態度の差異に着目すると，実験1と同様に，フレーム条件に関わらず，リスク強調条件よりも結果強調条件の方がリスク志向傾向が強い結果となった．全サンプルを対象とした階層対数線形分析より，リスク態度（リスク回避とリスク受容）が強調条件（リスク強調，制御，結果強調の各条件）によって有意に異なることが示された．また，ポジティブ・フレーム条件とネガティブ・フレーム条件のそれぞれについて行った対数線形分析から，リスク強調条件と結果強調条件とで，リスク態度に有意差，あるいは，差異が存在する傾向が示された．以上の結果は，実験1と同様に，結果強調条件の方がリスク強調条件よりもリスク受容傾向が強くなることを意味しており，焦点化仮説，ならびに，焦点化の状況依存性仮説を支持している．

5.7 実験結果の計量分析例

これらの 2 つの実験について,本実験操作が焦点パラメータに及ぼす影響を定量的に把握するための計量分析を行った(藤井・竹村,2001).まず,先に述べたように,簡単のために結果 X と確率 P に関する関数 F, G がそれぞれ線形であると仮定すると,状況依存的焦点モデルは,以下の $U(X, P)$ の選択肢間の大小に基づいて意思決定がなされるものと考える.

ここで,先にも示したように,w_i が,個人の間で分布しており,かつ,焦点化の状況依存性仮説で仮定されるように,その期待値がいろいろな実験条件の影響を確率的に受けるものと仮定してみる.実験 1 や実験 2 のような意思決定実験では,通常リスク志向の反応もする実験参加者もいればリスク回避の反応をする実験参加者も現れる.状況依存焦点モデルでは,w_i が個人間で分布しているという補足的な仮定を導入することで,リスク態度の個人間の差異を説明することができる.すなわち,下記の仮定を置く.

$$w_j = \exp(\text{Const} + \alpha \text{Pos} + \beta \text{No\_Emp} + \chi \text{Out\_Emp} + \varepsilon_j) \quad (5.11)$$

ここに,ω_i は個人 j の焦点パラメータ,Const は定数項,Pos はポジティブ・フレームダミー,No_Emp は強調なしダミー,Out_Emp は結果強調ダミー,α, β, χ はパラメータ,ε_j は誤差項である.なお,リスク態度は,ω_j が 1 より大きいか小さいかで規定されることから,上式右辺の exp 内の関数の正負によってリスク態度が決まる.以上より,実験 1,実験 2 である個人がリスク回避となる確率 P(averse),リスク志向となる確率 P(take) はそれぞれ,

$$\text{P(averse)} = P(w_j < 1) = P(V + \varepsilon_j < 0)$$
$$\text{P(take)} = P(w_j > 1) = P(V + \varepsilon_j > 0)$$

ただし,$V = \text{Const} + \alpha \text{Pos} + \beta \text{No\_Emp} + \chi \text{Out\_Emp}$ となる.

ここで,5.4 節で示したと同様に,誤差項 ε_j の分布形状がロジスティック分布であると仮定するなら(たとえば,McFadden, 1973),それぞれ,

$$\text{P(averse)} = \exp(V)/\{\exp(V) + 1\}$$
$$\text{P(take)} = 1/\{\exp(V) + 1\}$$

ただし,$V = \text{Const} + \alpha \text{Pos} + \beta \text{No\_Emp} + \chi \text{Out\_Emp}$ となる.

5.7 実験結果の計量分析例

表 5.3 焦点パラメータの推定結果（藤井・竹村，2001）

	実験1 ($n=180$)			実験2 ($n=180$)		
	coeff.	t	p	coeff.	t	p
Const	-0.53	-1.30	.193	0.20	0.65	.516
α (Pos)	-1.55	-4.03	.000	-0.81	-2.58	.010
β (No_Emp)	0.33	0.70	.185	-0.14	-0.38	.707
χ (Out_Emp)	1.57	3.20	.001	1.01	2.60	.009

以上に述べたような焦点パラメータの分布に関してのパラメトリックな仮定に基づいて定式化される確率を用いて尤度を定義した上で，最尤推定法で実験1, 2でのパラメータ α, β, χ ならびに定数項 Const を推定した結果を表5.3に示す．

推定結果より，実験1, 2のいずれにおいても，パラメータ α が有意に負であることから，ネガティブ条件の方がポジティブ条件よりも，結果への焦点化が強いことがわかる．同様に，パラメータ χ が有意に正であることから，結果強調によっても，結果への焦点化がより強くなることもわかる．ここで，前述したように，焦点化仮説は，結果の焦点化が強くなるとリスク受容傾向が強くなることを予測する．したがって，表5.3の状況依存的焦点モデルのパラメータ w の推定結果は，ネガティブ条件の方がリスク受容傾向が強い，ならびに，結果強調条件の方がリスク強調条件よりリスク受容傾向が強い，という対数線形分析によって見出した傾向を反映したものであると考えられる．

また，フレーム条件操作の影響度を表す α と強調条件操作の影響度を表す χ のパラメータ推定値の絶対値の差は，実験1, 2のいずれにおいても，後者の方が若干大きな値となっている．このことは，フレーム条件よりも強調条件の方が意思決定により大きな影響を及ぼしていたことを示している．ただし，いずれの実験でも，α と χ の推定値の絶対値の差は有意ではなかった．いずれにしても，以上の結果は，本実験における強調操作が，トゥベルスキーとカーネマン（1981）が見いだしたポジティブ/ネガティブのフレーミング効果と，少なくとも同程度の効果を持つものであることを含意している．ただし，β がいずれの実験でも有意でないことから，リスク強調そのものの効果は，統計的には認められなかった．

5.8 情報モニタリング法を用いた状況依存的焦点モデルの焦点化仮説の実験

　状況依存的焦点モデルは，先に説明したように，状況を手掛かりに意思決定者の注意が焦点化し，その焦点化の程度の単調増大関数で意思決定の重みが決定されて，リスク態度が決まることを予測する．したがって，注意が意思決定の文脈依存性や状況依存性を決定するということを説明するのである．

　本実験では，意思決定者の内的な処理をある程度コントロールするために，実験参加者が処理すべき情報の順序をコントロールする情報モニタリング法を用いた．情報モニタリング法というのは，意思決定過程を検討するために用いられる技法であり，意思決定者がどのように情報を獲得して決定に至ったかを把握するための心理学的手法である．本実験研究では，伝統的な情報モニタリング法とはやや異なるが，実験参加者に提示される情報を実験者が制御する形での情報モニタリング法による実験を行い，状況依存的焦点モデルの基本仮定である注意の焦点化により選好逆転が生じるという命題を経験的に検討しようとした．　状況依存的焦点モデルの仮説群の中で最も基本となる重要な仮説は，意思決定時の注意の配分がリスク態度に影響を及ぼすことを含意する焦点化仮説である．この仮説を検定するために，意思決定時の注意を実験的に操作し，実験参加者のリスク態度が焦点化仮説が予測する方向に変化するか否かを調べるための3つの実験を行った．

5.8.1　実験1：アジアの病気問題

　実験1では意思決定課題として，先述したアジアの病気問題を用いた．また，実験参加者は，筑波大学学部生および大学院生40名（男性32名，女性8名）であり，年齢は18〜37歳であった．所属としては，理工系の学生が17名で，社会科学系が23名であった．実験状況としては，先の実験と同様に，フレーム条件2水準（ポジティブ，ネガティブ）と強調条件2水準（結果強調，リスク強調）を組み合わせた合計4条件を設けた．フレーム条件は同じ実験参加者が順番をランダムにしてくり返して，強調条件は別々の実験参加者が行った．

5.8 情報モニタリング法を用いた状況依存的焦点モデルの焦点化仮説の実験　　83

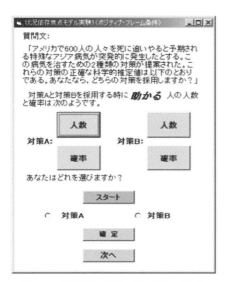

図 5.2　実験課題（竹村・胡・藤井, 2001）

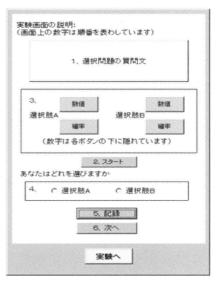

図 5.3　予備練習課題（竹村・胡・藤井, 2001）

　実験参加者は，実験室に入室後，実験者よりパーソナルコンピュータの画面を見ながら実験課題についての説明を受けた．実験課題画面では，図 5.2 に示したように最初の画面で選択肢 A と B それぞれの確率と人数がボタンの下に隠れ，スタートボタンを押すことによってボタンの下の情報（確率や人数の数字）がランダムな提示順序で 100 ミリ秒の間現れる．結果強調条件では，確率が 1 回提示されるのに対し人数が 3 回提示された．同様にリスク強調条件では，人数が 1 回提示されるのに対し確率が 3 回提示された．実験課題に実験参加者が取り組む前に，実験参加者が実験課題をよりよく理解するために，予備練習課題に実験参加者は取り組んだ．予備練習課題では，図 5.3 のような説明の画面を設けた．予備練習課題終了後，実験参加者は実験課題に取り組んだ．

　このような実験操作による結果強調条件では，リスク強調条件に比較して，結果に対する注意量が多くなるものと考える．焦点化仮説により，ネガティブ条件においてもポジティブ条件においても，結果強調条件の方がリスク強調条件よりもリスク志向傾向が強く，逆の場合ネガティブ条件においてもポジティブ条件においても，リスク強調条件の方が結果強調条件よりもリスク回避傾向

表5.4 実験1の結果（リスク志向の実験参加者割合）（竹村・胡・藤井, 2001）

	ポジティブ %(N)	ネガティブ %(N)	total %(N)
リスク強調	31.6(6)	44.4(8)	37.8(14)
結果強調	66.7(14)	68.2(15)	67.4(29)
total	50.0(20)	57.5(23)	53.8(43)

が強いことを予測する．

各条件における結果は，表5.4に示したようになった．

表5.4から明らかなように，フレーミング効果は認められず，ネガティブ条件においてもポジティブ条件においても，結果強調条件の方がリスク強調条件よりもリスク志向傾向が強いという焦点化仮説と合致する傾向が有意に見出された．

5.8.2 実験2：アジアの病気問題の変形問題

同じ実験参加者に，アジア病気問題を変形して以下のような問題を設定した．「太平洋のある島では600人の住民が暮らしている．ある日致命的伝染病がこの島で蔓延しはじめて，早いうちにすべての住民が感染してしまった．この伝染病の対策として二種類のワクチンAとBがある」．

ワクチンAとBを採用する時に助かる人の人数と確率は以下のとおりである．

　　ワクチンA：人数　300　確率　100％

　　ワクチンB：人数　600　確率　50％

実験条件としては，先と同じく，フレーム条件2水準（ポジティブ，ネガティブ）と強調条件2水準（結果強調，リスク強調）の組み合わせの合計4条件を設けた．フレーム条件は同じ実験者が順番をランダムにして行い，強調条件は別々の実験参加者が行った．

このような実験操作による結果強調条件では，リスク強調条件に比較して，結果に対する注意量が多くなるものと考える．焦点化仮説により，ネガティブ条件においてもポジティブ条件においても，結果強調条件の方がリスク強調条件よりもリスク志向傾向が強く，逆の場合ネガティブ条件においてもポジティブ条件においても，リスク強調条件の方が結果強調条件よりもリスク回避傾向

5.8 情報モニタリング法を用いた状況依存的焦点モデルの焦点化仮説の実験　　85

表5.5　実験2の結果（リスク志向の実験参加者割合）（竹村・胡・藤井 ,2001）

	ポジティブ %(N)	ネガティブ %(N)	total %(N)
リスク強調	31.3(5)	35.0(7)	33.3(12)
結果強調	79.2(19)	75.0(15)	77.3(34)
total	60.0(24)	55.0(22)	57.5(46)

が強いことを予測する．

各条件における結果は，表5.5に示したようになった．

表5.5から明らかなように，フレーミング効果は認められず，ネガティブ条件においてもポジティブ条件においても，結果強調条件の方がリスク強調条件よりもリスク志向傾向が強いという焦点化仮説と合致する傾向が有意に見出された．

5.8.3　実験3：反射効果に関する問題

同じ実験参加者に，同じ4つの実験条件で，以下のような反射効果に関する決定課題を用いた．

「あなたは持っているお金のほかに2万円が入手可能とします．この時，あなたは2つの選択肢（選択肢AとB）からどちらかを選ぶ状況にいます」．

選択肢AとBを取る時にもらえる金額とその確率は以下のとおりである．

　　選択肢A：金額　5000円　確率　100%

　　選択肢B：金額 20000円　確率　50%

先述したように，このような実験操作による結果強調条件では，リスク強調条件に比較して，結果に対する注意量が多くなると予想される．焦点化仮説により，ネガティブ条件においてもポジティブ条件においても，結果強調条件の方がリスク強調条件よりもリスク志向傾向が強く，逆の場合ネガティブ条件においてもポジティブ条件においても，リスク強調条件の方が結果強調条件よりもリスク回避傾向が強いことを予測する．各条件における結果は，表5.6に示したようになった．表5.6から明らかなように，フレーミング効果は認められず，また．ポジティブ条件においてもネガティブ条件においても，結果強調条件の方がリスク強調条件よりもリスク志向傾向が強いという焦点化仮説と合致

表 5.6 実験 3 の結果（リスク志向の実験参加者割合）（竹村・胡・藤井 ,2001）

	ポジティブ %(N)	ネガティブ %(N)	total %(N)
リスク強調	52.6(10)	50.0(10)	51.3(20)
結果強調	57.1(12)	55.0(11)	56.1(23)
total	55.0(22)	52.5(21)	53.8(43)

する傾向は見出されなかった．実験 3 でのみ焦点化仮説を支持する効果がなぜ見出されなかったのかについては，金額という認知的精緻化がなされやすい題材を扱っていたということや，課題の最終部であるために精緻化がなされたなどの可能性が考えられるが，これらの可能性のチェックのためには今後の実験的検討を必要とするだろう．

5.9 焦点化仮説と基礎実験

ここで示した実験研究の最初の 2 つでは，状況依存的焦点モデルの基本的な仮説，すなわち，焦点化仮説と焦点化の状況依存性仮説を検証するために，字の大きさを変えることで結果やリスクに対する注意の操作を図った実験を行った．実験の結果，反射効果問題（実験 1）においても，アジア病気問題（実験 2）においても，それぞれにおいてポジティブ/ネガティブのフレーム条件に関わらず，リスク強調の場合に比べて結果強調の場合の方が，リスク志向傾向が強くなることが確認された．そして，追加的な仮定をいくつか設けた焦点パラメータの計量分析の結果からは，結果への焦点化の程度を意味する焦点化パラメータが，結果を強調する条件において大きくなることが示された．これらの結果は，結果やリスクに対する相対的な焦点の当て方，あるいは，それらへの注意の当て方によってリスク態度が変化することを示唆しているものと言えよう．さらに，実験研究 3 では，状況依存的焦点モデルの基本的な仮説を検討するために，情報モニタリング法を用いて情報の提示回数をコントロールすることで結果やリスクに対する注意を操作する実験を行った．実験結果は，状況依存的焦点モデルの焦点化仮説で説明可能な現象の存在を示した．実験研究 3 における最初の 2 つの実験は，モデルの基本的仮説である焦点化仮説を支持する

結果が得られた．ただし，3番目の実験結果のように，プロスペクト理論からも状況依存的焦点モデルからも十分に説明のつかない結果も得られている．この点については，今後の研究が必要であろう．

状況依存的焦点モデルは心理学的な理論基盤を持つばかりでなく，計量的な技法を用いて行動的意思決定を記述できる点が大きな特徴である．今後は，さらに，モデルの基本仮説を検証するための実験を重ねると共に，さまざまな状況における実際の行動的意思決定の定量表現に活用し，意思決定に関する生態学的，かつ，応用的な知見を深めることが望まれる．次の章でも説明するように，プロスペクト理論はポジティブな結果を評価する場合とネガティブな結果を評価する場合には，それぞれ異なった形状の価値関数が存在し，前者においてリスク回避，後者においてリスク志向となることを予測する．しかし，反射効果問題の実験1では，リスクを強調する条件，および，リスクも結果も強調しない強調なし条件では，ネガティブ・フレーム条件においてリスク志向傾向は認められず，むしろ，リスク回避傾向が確認された．すなわち，プロスペクト理論の予測からは乖離した結果が得られた．ただし，いずれの強調条件においても，ネガティブ・フレーム条件の方がポジティブ・フレーム条件よりも相対的にリスク志向傾向が強いという結果となった．この結果は，アジア病気問題を用いた実験でも得られた．これらの結果は，ネガティブな結果の方がポジティブな結果よりも相対的により多くの注意を集めるという状況依存的焦点モデルの予測を支持している．ただし，本実験の結果からだけでは，ポジティブとネガティブのフレーム条件によって結果とリスクに対する注意量が変化しているか否かについては十分に検証されていない．この点に関しては，眼球運動測定装置（eye gaze recorder）を用いる等の方法によって，外在的に意思決定時の注意量を観測することが必要であろう．実際，我々は，眼球運動測定装置を用いて焦点化仮説の有効性を確認している（Fujii & Takemura, 2003）．

また，計量分析からは，本実験で行った強調操作が，従来の研究から知られているフレーム操作と同程度の効果を持つことが示された．本実験で行ったような強調操作は，実際のマーケティングの現場での広告デザインなどでは頻繁に採用され，その効果が経験的に知られていたものと考えられるが，本研究は，そのような強調操作が意思決定に影響を及ぼすことの理論的，実証的根拠を与

えるものであると言うことができよう．

　ただし，リスクを強調する効果は小さなものであり，リスク強調の場合と強調なしの場合の焦点パラメータの間には有意差が無いことも合わせて示された．このことから，意思決定に大きな影響を及ぼす強調操作は結果についてのものに限られる，という新たな仮説を措定できるかも知れない．しかし，この点を詳しく調べるためにはさらなる理論的検討と追加実験が必要であろう．

　状況依存的焦点モデルは心理学的な理論的基盤を持つばかりでなく，行動的意思決定を計量的に記述できる点がその特徴である．特に，個人間の異質性の分布についての追加的仮定を設ければ，意思決定の状況依存性についての計量分析を行うことができる．このことから，状況依存的焦点モデルによって，実際の環境下の意思決定についてのさまざまな知見を得ることができるものと期待される．今後は，モデルの基本仮説を検証するための実験を重ねる一方で，こうした意思決定の応用的知見を得る事も望まれる．

6

状況依存的焦点モデルと他の理論との関連性

　本章では，状況依存的焦点モデルと関連する理論について説明する．特に，意思決定理論で最も良く用いられる期待効用理論（expected utility theory）について解説を行い，そのモデルで説明できない，アレのパラドックス（Allais, 1953）を紹介する．また，アレのパラドックスを状況依存的焦点モデルと非線形期待効用理論でどのように説明できるかを説明する．さらに，非線形期待効用理論で説明できないフレーミング効果を説明し，その現象を説明するプロスペクト理論について説明する．最後に，状況依存的焦点モデルとプロスペクト理論との関連性や相違点について説明をして，状況依存的焦点モデルの問題点や今後の展望を行う．

6.1 期待効用理論

　フォン・ノイマンとモルゲンシュテルン（von Neumann & Morgenstern, 1944, 1947）は，ゲーム理論と経済行動に関する大著の中で，意思決定が後述するいくつかの公理を満たすならば，客観的確率に基づく効用の期待値が選好関係を表現することを証明し，期待効用理論を公理化した．彼らの期待効用理論は，ベルヌーイ（Bellnouli, D）の期待効用理論のように対数効用関数を必ずしも仮定するものではなく，より抽象的な形式で効用関数を定式化している．

　フォン・ノイマンとモルゲンシュテルンの期待効用理論では，期待効用は以下のように表現される（田村・中村・藤田，1997；Takemura, 2014）．まず，選択肢の集合を $A=\{a_l, a_m, \cdots\}$ とし，意思決定者が選択肢 $a_l \in A$ を選択したときに，結果 x_i が得られる確率を $p_i, a_m \in A$ を選択したときに結果 x_i が得られる

確率を $q_i, \cdots$ とし，起こり得るすべての結果の集合を $X=\{x_1, x_2, \cdots\}$ とする．このとき，すべての i に関して，$p_i \geqq 0, q_i \geqq 0, \cdots$ とし，$\sum_i p_i = \sum_i q_i = \cdots = 1$ を満たすとする．また，X 上の効用関数を $u: X \to R$ とするとき，選択肢 $a_l, a_m, \cdots$ を採用したときの期待効用は，それぞれ，$E_{a_l} = \sum_i p_i u(x_i)$, $E_{a_m} = \sum_i q_i u(x_i), \cdots$ になる．また，この期待効用理論では，意思決定者は選択肢集合 A の中から期待効用が最大になる選択肢を採択することが仮定されている．さらに，この効用関数は，正の線形変換を行っても，その本質的意味を失わないこともわかっており，基数効用（間隔尺度）の性質を持っていることもわかっている．

リスク下の意思決定を理論的に検討するために，最初に確率の定義をとりあげ，ギャンブルや籤を定義して，期待効用理論について考えてみよう．まず，結果の集合 X を考える．この集合 X の部分集合 $E(E \subset X)$ は，X のべき集合（power set）2^X の要素である（$E \in 2^X$）．ここで，X のべき集合とは，集合 X の部分集合を全部集めた集合のことであり，2^X で表す．べき集合の要素はそれ自体が集合であることに注意する必要がある．たとえば，$X=\{x_1, x_2, x_3\}$ のとき，2^X は次のような 8 個の要素からなる集合である（ただし，ϕ は空集合である）．

$$2^X = \{\phi, \{x_1\}, \{x_2\}, \{x_3\}, \{x_1, x_2\}, \{x_1, x_3\}, \{x_2, x_3\}, \{x_1, x_2, x_3\}\}$$

ここで，2^X 上の有限加法的確率測度 p というものを考える．有限加法的確率測度というのは，たとえば，$p(\{x_1\}) = 0.4$ というような，「確率」のことである．2^X 上の有限加法的確率測度 p は，すべての $E_i, E_j \in 2^X$ に対して，

① $p(X) = 1$
② $p(E_i) \geqq 0$
③ $E_i \cap E_j = \phi$
 $\Rightarrow p(E_i \cup E_j) = p(E_i) + p(E_j)$

を満たすような集合関数である．すなわち，①結果の集合 X の全体の確率は 1 であり，②X の任意の部分集合 E_i の確率は 0 以上であり，③X の任意の部分集合の積集合，$E_i \cap E_j$ が空集合であれば（すなわち，E_i と E_j の交わりがなければ），E_i と E_j の和集合（すなわち，E_i と E_j を合わせた集合）の確率は，$p(E_i) + p(E_j)$ と等しいという性質を持つことである．

つぎに，2^X 上の有限加法的確率測度（以下，簡単のために，確率測度と呼ぶ）

の凸集合 P_X というものを考える．P_X が凸集合とは，$0 \leq \lambda \leq 1$ かつ任意の p, q が P_X の要素である $(p, q \in P_X)$ ならば，$\lambda p + (1-\lambda)q$ も P_X の要素であること $((\lambda p + (1-\lambda)q) \in P_X)$ を言う．すなわち，任意の 2 つの結果の確率を混合させても，それが P_X の要素になっていることを言う．

ここで，$E_i \in P_X$ が有限集合であるとき，$p(E_i)=1$ となる確率測度は，単純（simple）であるといわれる．この単純確率測度は，ギャンブルや籤（くじ）と解釈することができる．したがって，P_X が凸集合であるというのは，籤やギャンブルをある確率 λ と $(1-\lambda)$ で組み合わせた複合籤や複合ギャンブルも，P_X の要素となっていることであると解釈できるのである．

まず，P_X は，選択肢の集合と解釈できるので，P_X 上の 2 項関係を考え，すべての $p, q \in P_X$ に対して，

$$p > q \Leftrightarrow \Phi(p, q) > 0$$

を満たす $P_X \times P_X$ 上の実数値関数 Φ を想定することができる．ここで，$>$ は，強選好関係（すなわち，$\forall p, q \in P_X, p \gtrsim q \land \text{not}(q \gtrsim p)$ であり，$\gtrsim$ は弱選好関係である）．

この実数値関数 Φ をもとにして，公理化された期待効用理論を，つぎの線形効用モデルから説明する．

線形効用モデルとは，すべての $p, q \in P_X$ に対して，$\Phi(p, q) = U(p) - U(q)$ となるような P_X 上の線形汎関数（linear functional）U のことである．線形汎関数というのは，以下のように定義できる．P_X を R 上の線形空間とするとき，写像 $U: P_X \to R$ がつぎの 2 つの性質（線形性）を持っているとき，すなわち，

(1) $\forall p, q \in P_X, U(p+q) = U(p) + U(q)$
(2) $\forall a \in R, \forall p \in P_X, U(ap) = aU(p)$

が成り立つとき，U は P_X における線形汎関数であると言う．U が線形であるというのは，別の言い方をすると，任意の $p, q \in P_X$ と，任意の $\lambda (0 < \lambda < 1)$ に対して，

$$U(\lambda p + (1-\lambda)q) = \lambda U(p) + (1-\lambda)U(q)$$

となることである．

U の線形性の定義より，Φ は正の定数倍しても一意性を持つので（すなわち，比例尺度であるので），U は正の線形変換の範囲で一意性を持つこと（すなわ

ち，間隔尺度であること）がわかる．なぜなら，$U'=\alpha U+\beta(\alpha>0)$ とすると，$\alpha\Phi(p,q)=U'(p)-U'(q)$ となるからである．

ギャンブル $\alpha_i\in A$ の m 個の結果 $x_j\in X$ を，それぞれ，確率 $p_{ij}\left(\sum_{j=1}^{m}p_{ij}=1\right)$ で生じさせる単純確率測度 p_i の効用 $U(p_i)$ をもとにした線形効用モデルは，$U(x_j)$ の期待値を求めていると考えることができる．なぜなら，U の線形性より，$U(p_i)=\sum_{j=1}^{m}p_{ij}U(x_j)$ となり，$U(p_i)$ は $U(x_j)$ の期待値を求めていることになるからである．その意味で，この線形効用モデル U は，期待効用モデルであると考えることができる．また，この期待効用理論は，線形効用モデル U によって期待効用を求めていることになるのである．

期待効用理論が成立する必要十分条件はいくつかあり，フォン・ノイマンらも，必要十分条件を示す公理系を提出しているが，ジェンセン（Jensen, 1967）の公理系が一般に引用されることが多いので，以下に示すことにする．なお，下記の公理系は，上に定義した，すべての $p,q\in P_X$ と，すべての $0<\lambda<1$ に対して成立するものとする（公理系の表現は，田村ら（1997）やギルボア（Gilboa, 2009）による）．

公理 A1（順序公理）

P_X 上の $\succsim$ は弱順序である．すなわち，このことは選好関係 $\succsim$ について

(1) 推移性　$\forall p,q,r\in P_X,\ p\succsim q \land q\succsim r \Rightarrow p\succsim r$

(2) 完備性　$\forall p,q\in P_X,\ p\succsim q \lor q\succsim p$

が成り立つことと等価である．

公理 A2（独立性公理）

$\forall p,q,r\in P_X,\ \lambda\in(0,1),\ p\succ q$ ならば $\lambda p+(1-\lambda)r\succ\lambda q+(1-\lambda)r$ である．なお，$p\succ q$ は，$p\succsim q \land \text{not}(q\succsim p)$ である．

公理 A3（連続性公理）

$p\succ q$ かつ $q\succ r$ ならば，ある $\alpha,\beta\in(0,1)$ が存在して，$\alpha p+(1-\alpha)r\succ q$ かつ $q\succ\beta p+(1-\beta)r$ である．

期待効用理論に関する定理（Jensen, 1967）　公理 A1, A2, A3 が成り立つとき，また，そのときに限り，P_X 上の線形汎関数 U が存在して，すべての $p,q\in P_X$ に対して，

$$p\succsim q \Leftrightarrow U(p)\geq U(q)$$

が成立する．また，U は正の線形変換の範囲で一意性を持つ（U は間隔尺度である）．

公理 A2 の独立性公理は，U が線形であるために必要十分な条件であり，公理 A3 の連続性公理は，U が P_X の実数の集合への写像となるために必要な公理である．

6.2 期待効用理論の反例―アレのパラドックス―

このような効用理論は，現実の人々の意思決定を反映したものなのだろうか．アレのパラドックス（図 6.1 参照）と呼ばれる現象は，期待効用理論の反例となっており，先に示した期待効用理論の独立性公理を逸脱していることになる．これらの現象は，期待効用理論が現実の意思決定を十分に反映したものでないことを示している（Slovic & Tversky, 1974）．

アレ（Allais, 1953）は，期待効用理論の反例をあげている（竹村，1996；Takemura, 2014）．次のような意思決定問題を考えてみる．まず問題 1 は，図 6.1 に示されているように選択肢 A と B との選択である．選択肢 A を選ぶと，確実に 100 万ドルがもらえる．選択肢 B は，10％の確率で 500 万ドル，89％の確率で 100 万ドル，1 パーセントの確率で 0 ドル（賞金なし）になる「籤（くじ）」である．A と B とを比べると，多くの人は，確実に賞金をもらえる A を選好するだろう．つぎに，問題 2 では，2 つの籤，すなわち，100 万ドルを 11％の確率で得られる選択肢 C と 500 万ドルを 10％の確率で得られる選択肢 D を考えてみる．この場合は，多くの人は，C より D を選好するだろう．しかし，この結果は，期待効用理論に明らかに矛盾する．なぜなら，まず，図の破線の四角で囲んでいる部分は，それぞれの問題においては，共通しているので，期待効用理論の独立性の公理により，選好においては考慮しなくてもよいことになり，また，破線の四角で囲んでいない部分は，問題 1 の A と問題 2 の C，問題 1 の B と問題 2 の D と同じであるからである（図 6.1 参照）．アレのパラドックスは，心理実験において，多くの被験者によって示されることがわかっており（Slovic & Tversky, 1974；Tversky & Kahneman, 1992），心理学的には，確実な利得を不確実な利得よりも高く選好するという確実性効果

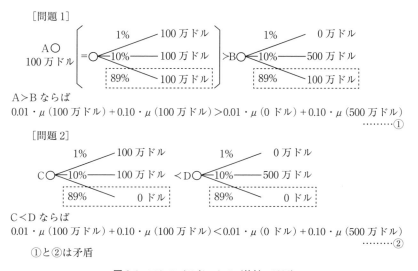

図 6.1 アレのパラドックス（竹村，1996）

（certainty effect）によって生じると考えられている．

アレのパラドックスは，期待効用理論における独立性公理からの逸脱で説明することができる．リスク下の意思決定の場合，独立性公理は，任意の確率分布 p, t, r に対して，$p > t$ ならば，確率分布 p と r の凸結合 $(\lambda p + (1-\lambda) r)$ と，t と r の凸結合である $\lambda t + (1-\lambda) r$ との選好関係も同じになることを要請するものである．すなわち，すべての確率分布 $p, t, r \in P_X$ と，すべての確率 $0 < \lambda < 1$ に対して，

$$p > t \Rightarrow \lambda p + (1-\lambda) r > \lambda t + (1-\lambda) r$$

である．したがって，独立性公理が成立しないのは，すなわち，ある確率分布 $p, t, r \in P_X$ と，ある確率 $0 < \alpha < 1$ が存在して，$p > t$ であるにもかかわらず，$\alpha t + (1-\alpha) r \gtrsim \alpha p + (1-\alpha) r$ が成り立つことになる（田村他，1997）．

アレのパラドックスの場合は，問題 1 で，選択肢 A を選ぶと，確実に 100 万ドルがもらえ，選択肢 B では，10％の確率で 500 万ドル，89％の確率で 100 万ドル，1 パーセントの確率で 0 ドル（賞金なし）になる「籤（くじ）」を選ぶことになる．選択肢 A は，10％の確率で 100 万ドル，89％の確率で 100 万ドル，1 パーセントの確率で 100 万ドルと分解できるので，A と B に共通する

ことは，100万ドルが89パーセントの確率で少なくとも得られることである．ここで，選択肢 A を p，選択肢 B を q で表現し，500万ドルを11分の10の確率でもらえ，何も得られない確率が11分の1の籤を t で表現すると，
$$p=0.11p+0.89p, \quad q=0.11t+0.89p$$
と表現できる．したがって，独立性公理からは，$p>t$ ならば $p>q$ となる．

また，問題2では，2つの籤，すなわち，100万ドルを11％の確率で得られる選択肢 C と500万ドルを10％の確率で得られる選択肢 D であるが，C と D に共通することは，何も得られないということが少なくとも89パーセントの確率はあるということである．選択肢 C を r，選択肢 D を s で，そして，確実に何も得られないという籤を t' で表現すると，
$$r=0.11p+0.89t', \quad s=0.11t+0.89t'$$
と表現できる．したがって，独立性公理からは，$p>t$ ならば $r>s$ となる．以上まとめると，独立性公理からは，$p>t$ ならば $p>q$ かつ $r>s$ となり，$t>p$ ならば $q>p$ かつ $s>r$ をとることが要請される．しかし，実際の選択においては，$p>q$ かつ $s>r$ を被験者が表明しており（Slovic & Tversky, 1974），独立性公理を満たしていないことがわかる．

6.3 非加法的確率と非線形効用理論

これまでに説明したように，アレのパラドックスは，独立性公理が経験的には成り立たないことから生じると解釈される．心理学的には，アレのパラドックスは，確実性を好む確実性効果から説明できる（竹村，1996；Takemura, 2014）．このようなパラドックスを説明する，いろいろな理論的枠組がある（Camerer, Lowenstein, & Rabin, 2004；Takemura, 2000, 2014；田村他，1997；竹村，1996）．代表的な説明は，独立性公理などを緩和させた非線形効用理論による説明である．この理論体系は，期待効用理論の一般化となっている（Starmer, 2000；田村他，1997）．経済学の分野では，この理論体系は，非線形効用理論（Fishburn, 1988；Edwards, 1992）あるいは一般化期待効用理論（Quiggin, 1993）と呼ばれているが，工学の分野におけるファジィ測度論によるファジィ積分の理論体系（菅野・室伏，1993）と数理的には非常に類似して

いる．

　非線形効用理論の体系では，アレのパラドックスの場合のようにリスク下の意思決定では，確率情報が与えられても加法性が成立しないような確率を変換する非加法的な確率加重関数を考える．

　非加法的確率は，そもそも物理学の分野で使われたので容量（capacity）という表現がなされることもあるが，ファジィ工学の分野ではファジィ測度（fuzzy measure）と呼ばれる．呼び名は異なるが，数学的な定義は同じである．非加法的確率とは，以下の条件を満たす，非空な集合 Θ の部分集合からなる集合体から閉区間 $[0,1]$ への集合関数 $\pi:2^\Theta \to [0,1]$ である．すなわち，有界性の条件（$\pi(\phi)=0$, $\pi(\Theta)=1$）と単調性の条件（Θ の部分集合 E, F が，$E \subseteq F$ という関係ならば $\pi(E) \leq \pi(F)$ という関係を満たす）である．非加法的確率は，加法性の条件を必ずしも満たさないのでその名がつけられている．

　期待効用理論においては，期待効用最大化基準は，確率測度に関するルベーグ（Lebesgue）積分の観点からとらえることができるが，上に定義したような非加法的確率に関する期待効用に関しては，ルベーグ積分以外のいくつかの積分表示の仕方がある．工学のファジィ測度論の分野ではファジィ積分という積分の観点からのいくつかの積分表示がなされている（菅野・室伏，1993）．この中で，非線形効用理論やファジィ理論の研究者も精力的に研究しているのが，ショケ積分（Choquet, 1955）による期待効用である．

　この積分による期待効用理論は，シュマイドラー（Schmeidler, 1989）が公理化を行い，非線形効用理論の中でも代表的なものになっており，アレのパラドックスが説明可能になっている．ショケ積分による期待効用は，以下のように示すことができる（Camerer, 1995；Takemura, 2014）．まず，自然の状態 $s_i \in \Theta$ が，選択肢 f による結果 $f(s_i)$ に対する効用 $u(f(s_i))$ に応じて，$u(f(s_1)) > u(f(s_2)) \cdots > u(f(s_n))$ のように順位づけられているとする．非加法的確率 π に関する有限集合上のショケ積分による期待効用 EU_c は，

$$EU_c = u(f(s_1))\pi(s_1) + \sum_{i=2}^{n} u(f(s_i))\left[\pi\left(\bigcup_{j=1}^{i} s_j\right) - \pi\left(\bigcup_{j=1}^{i-1} s_j\right)\right] \quad (6.1)$$

である．もし π が加法的測度であり，自然の状態 s_j が互いに背反であれば，上の期待効用は，主観的期待効用理論によるものと一致する（Camerer, 1995）．

この積分による期待効用理論は，ランク依存効用理論（rank dependent utility theory）と非常に類似しており，客観確率が定義されていて，それを非加法的確率で歪めるという形の記述を行う場合は，両モデルは一致する．ランク依存型と呼ばれるのは，結果の良さに関して，順位づけを行って，それをもとに積分を行うからである．

また，ショケ期待効用のモデルを一般的な形で表示すると下記のようになる（田村他，1997）．

$$EU_c = \int_0^{+\infty}(1-\pi(\{s\in\Theta:u(f(s))\leq\tau\}))d\tau - \int_{-\infty}^0 \pi(\{s\in\Theta:u(f(s))\leq\tau\})d\tau \tag{6.2}$$

ここで，ショケ積分不確実性下の意思決定における選択肢の集合 F は，下記のように表記できる．

$$F=\{f\mid f:\Theta\rightarrow X\}$$

すなわち，不確実性下の意思決定においては，ある選択肢 f を選んで，状態 $s\in\Theta$ が生起するとある結果 $x\in X$ がわかるような構造になっているのである．もし，選択肢 f と状態 s がわかっていると，$x=f(s)$ のようになり，選択肢は s の状態のときに結果 x になると解釈できる．不確実性には，さまざまなものがあるが，Θ から X への写像がわかっている場合と，それもわからない場合や，Θ の要素が何かわからない場合，さらには，X の要素もわからないような無知（ignorance）の状態もある．

さて，ここで，F の二項関係における関係性を $\succsim$ で表記しよう．$\succsim$ は，$F\times F$ の部分集合である．このように選択肢の集合を，状態の集合から結果の集合への写像として考えることもできるが，結果には，客観的確率により規定される不確実性があると考えるときには，2^X 上の有限加法的確率測度の凸集合 P_X というものを考え，選択肢の集合を F_p と考えて，$f\in F_p$ に対して，$f(\Theta)=\{f(s)\in P_X:s\in\Theta\}$ となる．$f(s)$ と $g(s)$ は確率測度なので，P_x が凸集合であるということは，その凸結合も確率測度になることを意味する．また，$\lambda f+(1-\lambda)g\in F_p$ となるので，F_p 自体も凸集合であることがわかる（田村他，1997）．

シュマイドラー（Schmeidler, 1989）は，主観的期待効用理論に関するアン

スコムとオーマン（Anscombe & Aumann, 1963）の公理の独立性の条件を，次の共単調独立性の条件に変えて，公理系を構成した（Gilboa, 2009）.

共単調的（comonotonic）であるとは，$f(s)>f(t)$ かつ $g(s)<g(t)$ となるような，s および t が存在しないことである．そして共単調独立性とは，任意の組において，共単調な $f, g, h \in F_p$ および $\alpha \in (0, 1)$ に対して，

$$f > g \Leftrightarrow \alpha f + (1-\alpha)h \gtrsim \alpha g + (1-\alpha)h$$

となる．この公理では，選択肢が互いに共単調であるときのみに，独立性が成立するということある．

シュマイドラーは，ショケ積分による期待効用モデルに関する下記の A1 から A5 までの公理を置いて，ショケ積分による期待効用の表現定理を導いている（Gilboa, 2009；Schmeidler, 1989；田村他, 1997）．

A1 弱順序性：選好関係 $\gtrsim$ は完備で推移的である．

A2 連続性：任意の $f, g, h \in F_p$ に対して，$f > g > h$ ならば，
$$\alpha f + (1-\alpha)h > g > \beta f + (1-\beta)h$$
となるような $\alpha, \beta \in (0, 1)$ が存在する．

A3 共単調独立性：任意の組において，共単調な $f, g, h \in F_p$ および $\alpha \in (0, 1)$ に対して，$f > g \Leftrightarrow \alpha f + (1-\alpha)h \gtrsim \alpha g + (1-\alpha)h$ となる．

A4 単調性：任意の $f, g \in F_p$ について，任意の $s \in \Theta$ に対して，$f(s) \gtrsim g(s)$ ならば $f \gtrsim g$ である．

A5 非自明性：$f \gtrsim g$ であるような $f, g \in F_p$ が存在する．

ショケ積分による期待効用モデルの表現定理（Schmeidler, 1989）

選好関係 $\gtrsim$ が A1，A2，A3，A4，A5 を満たすのは，Θ 上の確率測度 μ と，任意の $f, g \in F_p$ について，

$$f \gtrsim g \Leftrightarrow (C)\int_\Theta U(f(s))d\pi(s)) \geq (C)\int_\Theta U(g(s)d\pi(s)u)$$

であるような Px 上の線形汎関数 U と 2^s 上の非加法的確率測度 π が存在し（ただし，積分 $(C)\int$ はショケ積分である），さらに，U は正の線形変換に関して一意である．

すなわち，π は非加法的確率で U が効用関数であり，ショケ積分した効用

の大小で，不確実性下の選好関係を説明できることになる．また，この効用は，間隔尺度であって，正の線形変換をしても選好関係の記述の点では変わらないことを意味している．

6.4 なぜ非線形効用理論はフレーミング効果を説明できないのか

効用は，伝統的な効用理論においても，非線形効用理論においても，選択肢に対する選好関係を表現する実数値関数である．ここで，効用についての簡単な例を述べてみよう．消費者がある製品のブランドAとBのどちらかを選ぶという意思決定を考えてみる．この場合，効用とは，ブランドAをブランドBより選好するか同等に選好する時（ブランドA $\succsim$ ブランドB），そしてその時に限り，ブランドAの効用（u（ブランドA））よりブランドBの効用（u（ブランドB））が高くなるか等しくなるような実数値のことである．すなわち，

$$u(\text{ブランドA}) \geqq u(\text{ブランドB}) \Leftrightarrow \text{ブランドA} \succsim \text{ブランドB}$$

のような関係が成り立つ．ここで，ブランドAの名前をPと呼び，ブランドBの名前をQと呼んでも，同じブランドを指示しているとしたならば，

$$u(\text{P}) \geqq u(\text{Q}) \Leftrightarrow \text{P} \succsim \text{Q}$$

という関係が成立しなければならない．また，ブランド名を変えて，ブランドAの名前をSと呼び，ブランドBの名前をTと呼んでも，同じブランドを指示しているとしたならば，

$$u(\text{S}) \geqq u(\text{T}) \Leftrightarrow \text{S} \succsim \text{T}$$

という関係が成立しなければならない．もし，この関係が成立しない場合，フレーミング効果による選好逆転が生じたと言うことができる．実際に，これに類した選好の逆転現象は，日常しばしば観察されると考えられる．

このようなフレーミング効果は，リスク下における意思決定を説明する期待効用理論（expected utility theory）や主観的期待効用理論（subjective expected utility theory）においても説明できない．なお，期待効用理論は，自然の状態の確率分布をもとにして，効用の期待値を考える理論であり，自然の状態の確率に主観的確率を仮定しているものを主観的期待効用理論と呼んでいる．さらには，このフレーミング効果は，非線形効用理論でも説明できない．

フレーミング効果の本質的問題は，アレのパラドックス（Allais, 1953）やエルスバーグのパラドックス（Ellsberg, 1961）のように，効用理論の一群の公理からの逸脱（e. g., Slovic & Tversky, 1974）というよりも，より深刻な逸脱，すなわち，記述普遍性（Tversky & Kahneman, 1986）からの逸脱を示していることにその特徴がある．このことを説明するために，効用理論においては，意思決定問題が，つぎのような集合の組 D として，記述されることをまず述べる．

$$D=(X, \Theta, fa, \gtrsim)$$

ただし，X は可能な結果の集合であり，Θ は自然な状態の集合である．選択肢 $a \in A$ に対して，$x \in X$ が取り得る値は，$s \in \Theta$ によって変化すると考えられる．fa は，選択肢 a を選んだ状態で自然の状態 s が決まった時に，どの結果が生起するかを規定する写像であり（$fa: \Theta \to X$），$\gtrsim$ は，写像 fa の集合上の選好関係である．

当然，通常の効用理論の理論構成と同様に，ショケ積分での期待効用でも，s, x の関数になっているので，もし，これらの入力の値がまったく同じならば，期待効用の値も同じになることは明らかである．フレーミング効果は s, x の値が同じであるにもかかわらず，選好が異なることを言うので，明らかにショケ積分による期待効用理論でもフレーミング効果は説明できない．このことは，ショケ積分による期待効用モデル以外の非線形効用理論（e. g., Edwards, 1992；Fishburn, 1988；Quiggin, 1993；田村他，1997）においても成り立つのである．

6.5 フレーミング効果とプロスペクト理論

カーネマンとトゥベルスキー（Kahneman & Tversky, 1979；Tversky & Kahneman, 1992）によって提唱されたプロスペクト理論は，行動意思決定理論のこれまでの知見と非線形効用理論（あるいは一般化期待効用理論）の知見を総合した理論である．プロスペクト理論は，当初はリスク下の意思決定を扱う記述的理論として提案されたが（Kahneman & Tversky, 1979），後に，不確実性下の意思決定も説明できる累積プロスペクト理論（Tversky & Kahneman,

1992）にまで発展している．

　プロスペクト理論の「プロスペクト」とは，ある選択肢を採択した場合の諸結果とそれに対応する確率の組み合わせであり，リスク下の意思決定では「ギャンブル」と同じである．リスク下の意思決定では，いくつかのプロスペクトの中から望ましいプロスペクトを選択することになる．すなわち，生起する結果の集合 $X=\{x_1, \ldots, x_j, \ldots, x_m\}$ を考え，X 上の確率分布 $p_1=[p_{11}, p_{12}, \ldots, p_{1m}]$，$p_2=[p_{21}, p_{22}, \ldots, p_{2m}], \ldots, p_l=[p_{l1}, p_{l2}, \ldots, p_{lm}]$ のどれを選ぶかという問題に置き換えることができる．このとき，ひとつのプロスペクトは，$(x_1, p_{11}; \ldots, x_j, p_{1j}; \ldots, x_m, p_{mj})$ のように表現される．プロスペクト理論では，このプロスペクトが，期待効用理論とは異なる仕方で評価されることを仮定する．

　プロスペクト理論では，意思決定過程は，問題を認識し，意思決定の枠組を決める編集段階（editing phase）と，その問題認識にしたがって選択肢の評価を行う評価段階（evaluation phase）とに分れる（Kahneman & Tversky, 1979）．前者の段階は，状況依存的であり少しの言語的表現の相違などによっても変化するが，後者の段階では，ひとたび問題が同定されると状況に依存しない評価と意思決定がなされることになる．プロスペクト理論によると，フレーミング効果は，編集段階で同じ意思決定問題でも言語的表現が異なると，異なる問題認識がなされることによって生じるとされる．

　フレーミング効果が生じるときは，編集段階において各プロスペクトが再構成され，それらを基にして評価段階では最も評価値の高いプロスペクトが選ばれると，プロスペクト理論では仮定する．評価段階では，彼らが価値関数（value function）と呼ぶ一種の効用関数と確率への荷重関数（weighting function）によって，評価されることになる．重要なことは，編集段階において，価値関数の原点である参照点が決まるということである．この評価段階の評価の仕方は，非線形効用理論におけるショケ積分による期待効用理論と基本的に同じである．

　図 6.2 に示されているように，価値関数は，利得の領域では凹関数であるのでリスク回避的になり，損失の領域であれば凸関数であるのでリスク志向的になることがわかる．さらに，利得の領域より損失の領域の方が価値関数の傾き

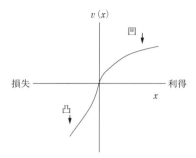

図 6.2 プロスペクト理論の価値関数（竹村（2009）による作図）

が一般に大きい．このことは，損失が利得よりも大きなインパクトを持つことを意味している．

　プロスペクト理論が通常の非線形効用理論と大きく異なる点は，効用理論の原点に相当するところが参照点であり，意思決定問題の編集の仕方によって参照点が容易に移動することを仮定していることにある．プロスペクト理論では，結果の評価は心理学的な原点である参照点からの乖離量からなされ，意思決定者は利得あるいは損失のいずれかとして結果を評価することになる．さらにプロスペクト理論は，意思決定者が利得を評価する際にはリスク回避となり，損失を評価する際にはリスク志向となるものと仮定する．参照点の移動により，同じ意思決定問題でも，利得の領域で選択肢を把握するとリスク回避的になり，損失の領域で選択肢を把握するとリスク志向的になる．このようなことから，同じ意思決定問題でも，フレーミング効果によってリスク回避的になったり，リスク志向的になる選好の逆転現象を説明できるのである．

　つぎに，不確実性の下での意思決定を説明する累積プロスペクト理論について解説を行いたい．最初に，まず意思決定問題の要素を定義する．X を結果の集合，Θ を自然の状態の集合とし，不確実性下のプロスペクト（選択肢）を $f:\Theta \to X$ とする．すなわち，ある自然の状態 $s \in \Theta$ のもとで，$x \in X$ という結果が生じるならば，$f(s)=x$ となるような関数が存在すると考える．ただし，簡単のために，結果 $x \in X$ は，金銭的価値であると考える．たとえば，f は，明日の天候が，「雨」(s_1) だと 1 万円 (x_1) をもらえ，「雨以外」(s_2) だと 5 万円 (x_2) もらえるような籤（くじ）である．累積プロスペクト理論を考えるために，

6.5 フレーミング効果とプロスペクト理論

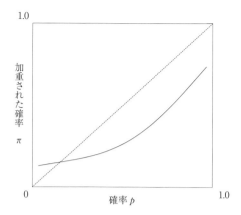

図 6.3 プロスペクト理論における確率加重関数（竹村（2009）による作図）

準備として，結果の望ましさが増加する順に結果を順位づけておく．たとえば，結果に応じて，1 万円，5 万円，... という様に並べるのである．この結果の望ましさの順位によって総合評価値を求める仕方は，先に説明したショケ積分（Choquet, 1955）による非線形期待効用を求める時と基本的に同じである．実際，累積プロスペクト理論でもショケ積分を用いている．

また，$\{s_i\}$ を Θ の部分集合で，s_i が生じると結果 x_i になるとすると，プロスペクト f は，(x_i, s_i) のペアの列で表すことができる．たとえば，上記の明日の天候の例だと，プロスペクト $f=$（1 万円，雨；5 万円，雨以外）というように表現できる．ここでも，結果の望ましさの昇順によって，結果と対応する自然の状態を並べておくのである．累積プロスペクト理論では，利得の領域と損失の領域で価値関数が異なることを仮定するので，f^+ を正の結果になるプロスペクト，f^- を負の結果になるプロスペクトとして区別して扱う．すなわち，もし $f(s)>0$ ならば $f^+(s)=f(s)$，もし $f(s)\leqq 0$ ならば $f^+(s)=0$，もし $f(s)<0$ ならば $f^-(s)=f(s)$，もし $f(s)\geqq 0$ ならば $f^-(s)=0$ とする．上の天候の例だと，$f^+(s_1)=1$ 万円，$f^+(s_2)=5$ 万円，$f^-(s_1)=0$ 円，$f^-(s_2)=0$ 円，である．期待効用理論と同様に，プロスペクト f がプロスペクト g より，強選好されるか無差別ならば $V(f)\geqq V(g)$ というようになる関数を考え，

$$V(f)=V(f^+)+V(f^-), \quad V(g)=V(g^+)+V(g^-)$$

と，利得領域のプロスペクトと損失領域のプロスペクトの関数の和で全体的な効用が求められると仮定する．

累積プロスペクト理論では，価値関数として，狭義の単調増大関数 $v:X \to R_e$ を考え，$v(x_0)=v(0)=0$ を満足するように基準化されていると仮定している．たとえば，具体例として，$v(x)=2x^{0.8}$ と言うような関数を想定してもよいが，価値関数は，効用関数の説明のときと同じように一般的に論じることが多い．また，プロスペクトの総合的評価値 $V(f)$ を先に示したように $V(f^+)$ と $V(f^-)$ の和で説明し，さらに $V(f^+)$ と $V(f^-)$ を以下のように定める．

$$V(f)=V(f^+)+V(f^-),$$
$$V(f^+)=\sum_{i=0}^{n}\pi_i^+ v(x_i), \qquad V(f^-)=\sum_{i=-m}^{0}\pi_i^- v(x_i),$$

このとき，$f^+=(x_0, A_0\,;\,x_1, A_1\,;\,\ldots\,;\,x_n, A_n)$，$f^-=(x_{-m}, A_{-m}\,;\,x_{-m+1}, A_{-m+1}\,;\,\ldots\,;\,x_0, A_0)$ となっている．

また，$\pi_0^+, \ldots, \pi_n^+$ は利得領域のウェイトであり，$\pi_{-m}^-, \ldots, \pi_0^-$ は損失領域のウェイトである．ここで注意することは，ウェイトが結果の望ましさの順位をもとにして決定されることである．

累積プロスペクト理論では，ウェイトは下記のように定められる．

$\pi_n^+=W^+(A_n), \quad \pi_{-m}^-=W^-(A_{-m}),$
$\pi_i^+=W^+(A_i \cup \ldots \cup A_n)-W^+(A_{i+1} \cup \ldots \cup A_n), \quad 0 \leq i \leq n-1,$
$\pi_i^-=W^-(A_{-m} \cup \ldots \cup A_i)-W^-(A_{-m} \cup \ldots \cup A_{i-1}), \quad 1-m \leq i \leq 0.$

意思決定ウェイトの π_i^+ は，結果が正になる利得領域に関するものであり，x_i と少なくとも同じだけ望ましい結果をもたらす事象の非加法的確率と x_i より望ましい結果をもたらす事象の非加法的確率との差異である．また，意思決定ウェイトの π_i^- は，負の結果に関するものであり，x_i と少なくとも同じだけ望ましい結果をもたらす事象の非加法的確率と x_i より望ましくない結果をもたらす事象の非加法的確率との差異である．各 W が加法的であれば，W は確率測度であり，π_i は単純に A_i の確率になるのである．

ここで表現を簡単にするために，もし $i \geq 0$ なら $\pi_i=\pi_i^+$，$i<0$ なら $\pi_i=\pi_i^-$ と表現し直すと，

$$V(f)=\sum_{i=-m}^{n}\pi_i V(x_i)$$

となる．

つぎにリスク下の累積プロスペクト理論について説明する．もしプロスペクト $f=(x_i, A_i)$ が確率分布 $p(A_i)=p_i$ によって与えられるとするならば，リスク下の意思決定問題になり，プロスペクトは $f=(x_i, p_i)$ と表現することができる．このリスク下の意思決定問題の場合，決定加重は，下記のようになる．

$\pi_n^+ = W^+(p_n), \quad \pi_{-m}^- = W^-(p_{-m}),$

$\pi_i^+ = W^+(p_i \cup .... \cup p_n) - W^+(p_{i+1} \cup .... \cup p_n), 0 \leq i \leq n-1,$

$\pi_i^- = W^-(p_{-m} \cup .... \cup p_i) - W^-(p_{-m} \cup .... \cup p_{i-1}), 1-m \leq i \leq 0,$

ただし，W^+，W^- は狭義の単調増大関数であり，$W^+(0)=W^-(0)=0$，$W^+(1)=W^-(1)=1$ と基準化される．不確実性下の累積プロスペクト理論と同様に，もし $i \geq 0$ なら $\pi_i = \pi_i^+$，$i<0$ なら $\pi_i = \pi_i^-$ と表現すると，

$$V(f) = \sum_{i=-m}^{n} \pi_i v(x_i)$$

となる．

6.6 状況依存的焦点モデルと他の理論との関係

4章でも説明したように，状況依存的焦点モデルとリスク態度との関係は，プロスペクトが複数ある場合には，複雑になる．期待効用理論による形式を採用するのか，Handa（1977）のような期待効用理論を変形した形式をとるのか，さらには，ショケ積分などによる非線形期待効用理論をとるのかによって，説明の仕方が変わってくる．しかし，最も単純な表現の仕方は，期待効用理論の形式や，Handa（1977）のような期待効用理論を変形した形式をとることであろう．状況依存的焦点モデルのショケ積分表示も可能であるが，下記では，最も単純な形式でアレのパラドックスを説明してみよう．

まず，期待効用理論的形式を採用すると，状況依存的焦点モデルは，相対的な焦点化パラメータ w が1に等しいときは，期待効用モデルに一致している．アレのパラドックスは，確率に対応する焦点化パラメータが1に等しくない場合で説明可能である．アレのパラドックスは，Handa（1977）のような期待効用理論を変形した形式をとって説明すると，そのモデルの期待効用（CFU）を下記のように求めることができる．

まず，問題1では，
CFU(A)＝$F(100万ドル)\cdot G(1.00)$
CFU(B)＝$F(0ドル)\cdot G(0.01)+F(500万ドル)\cdot G(0.10)+F(100万ドル)\cdot G(0.89)$
となり，簡単のために，$F(x)=x, G(p)=p^\beta$ と仮定して，$\beta>1$ とすると，
CFU(A)＜CFU(B)となる．

つぎに，問題2では，
CFU(C)＝$F(100万ドル)\cdot G(0.11)+F(0ドル)\cdot G(0.89)$
CFU(D)＝$F(500万ドル)\cdot G(0.10)+F(0ドル)\cdot G(0.90)$
となり，簡単のために，$F(x)=x, G(p)=p^\beta$ と仮定して，$\beta>1$ とすると，CFU(D)＞CFU(C)となる．これにより，アレのパラドックスで示される選好の逆転を説明することができるのである．同様に，非加法確率に基づくショケ積分による期待効用モデルも，アレのパラドックスを説明できることは，先に示したとおりである．

ショケ積分による期待効用最大化は，合理性の基準である一次の確率優位性（first-order stochastic dominance）を満たしている．この性質は，下記のように説明できる．区間 $[a, b]$ に値をとる確率変数 X, Y について，対応する累積分布関数をそれぞれ，$FX(x), FY(x)$ と置いたとき，任意の $x\in[a, b]$ に対して $FX(x)\leq FY(x)$ が成立する時，X は Y よりも一次の確率優位にあるという．あるいは累積分布関数について，FX は FY よりも一次の確率優位にあるという．一次の確率優位でない選択肢を選ぶということは，合理的ではないと考えられる．状況依存的焦点モデルは，一次の確率優位性を必ずしも満たさないのが，ショケ積分によるモデルとの違いである．ショケ積分による期待効用モデルが一次の確率優位性を満たすのは，(6.1)式，(6.2)式のショケ積分の方式をみれば明らかである．他方，状況依存的焦点モデルが，なぜ一次の確率優位性を満たさないかというと，下記のような場合を考えるとわかりやすい．すなわち，結果の系列を $x_1>x_2>\cdots>x_n$ として，状況依存的焦点モデルに仮定されているように，簡単のために，$G(p)=p^\beta$（ただし $1<\beta$）として，$F(x)=x$ とすると，

$$\mathrm{CFU}=G(p_1)x_1+G(p_2)x_2+\cdots\cdots+G(p_n)x_n$$

となるが，ここで，x_1 の値を徐々に少なくして x_2 に近づけていったときに，

$G(p_1+p_2)>G(p_1)+G(p_2)$ ということから，x_1 が完全に x_2 になったときに，

$$\text{CFU}=G(p_1+p_2)x_2+\cdots\cdots+G(p_n)x_n$$
$$>G(p_1)x_2+G(p_2)x_2+\cdots+G(p_n)x_n$$

となって，急激に CFU は増加してしまう．このとき，一次の確率優位性は満たしていないことになるのである．

同様に，簡単のために，$G(p)=p^\beta$（ただし $0<\beta<1$）として，$F(x)=x$ とすると，

$$\text{CFU}=G(p_1)x_1+G(p_2)x_2+\cdots\cdots+G(p_n)x_n$$

となるが，ここで，x_1 の値を徐々に少なくして x_2 に近づけていったときに，$G(p_1+p_2)<G(p_1)+G(p_2)$ ということから，x_1 が完全に x_2 になったときに，

$$\text{CFU}=G(p_1+p_2)x_2+\cdots\cdots+G(p_n)x_n$$
$$<G(p_1)x_2+G(p_2)x_2+\cdots+G(p_n)x_n$$

となって，急激に CFU は減少してしまう．このときも，一次の確率優位性は満たしていないことになるのである．一次の確率優位性が満たされるのは，$G(p)=p$ のときのみになってしまう（Fishburn, 1978）．

合理性の観点からは状況依存的焦点モデルが一次の確率優位性を満たさないことは，望ましくないが，記述のレベルにおいては，必ずしも一次確率優位性を満たさないという研究知見も出ており（Levy, 2008），状況依存的焦点モデルが記述モデルとして不適切かどうかについては，開かれた問題になったおり，今後の検討の余地があるだろう．もし意思決定者の選好が，ほとんどの場合に一次確率優位性を満たしているならば，状況依存的焦点モデルに，ショケ積分による非線形期待効用理論の形式を適用する方が良いのかもしれない．

つぎに，プロスペクト理論（Kahneman & Tversky, 1979；Tversky & Kahneman, 1992）では，状況依存的焦点モデルとともに，フレーミング効果を説明するが，利得領域での価値関数に対応したポジティブ・フレームと損失領域における価値関数に対応したネガティブ・フレームとが取り上げられているだけである．しかし，現実の意思決定場面では，種々のフレームが存在すると考えられる．大別すると，ポジティブとネガティブに分けられるということは理解できるが，ポジティブとネガティブなフレームのいずれかに分類しにくいような現象もあるだろう．たとえば，どちらが美しいか，どちらが大きいか，

どちらが気前が良いかなどの判断や意思決定などは，分類が困難であるし，決定フレームのモデルと対応したプロスペクト理論にどのように翻訳できるか不明である．また，決定フレームが，どのようにして，その構成概念が機能し，意思決定を導くかということが十分に明らかにされていない．すなわち，決定フレームのモデルは，意思決定問題の心的構成を扱っており，その心的構成が意思決定に重要な効果を与えることを指摘しているのであるが，意思決定者がどのように状況を心理的に構成し，その決定フレームがどのような性質と機能を持ち，それが判断や意思決定に結びつくのかが十分に言及されていないのである．

先に示したプロスペクト理論によるフレーミング効果の説明からも明らかなように，プロスペクト理論では参照点の存在が極めて重要な位置を占めている．意思決定が依存するリスク態度は結果と参照点との相対的関係に依存しているのであるから，意思決定は参照点に依存しているといっても過言ではない．このことは，個々の意思決定をプロスペクト理論に基づいて，より客観的に計量的に記述することを目指した場合，参照点の位置を特定することが不可欠であることを含意している．ところが，トゥベルスキーとカーネマン（Tversky & Kahneman, 1981）は，この点に関しては次のような定性的な見解を述べるにとどめている：「意思決定者が用いる心的構成（フレーム）は選択問題の形式，あるいは，意思決定者の規範，習慣，あるいは，個人的特性に依存する（p.453）」．

この点に着目し，フィッシュホフ（Fischhoff, 1983）はプロスペクト理論が正しいという前提の下で，選択結果から参照点の位置を理論的に特定化することを目指した．ところが，多くの被験者において参照点の位置を特定化することに成功することはなかった．また，参照点についての被験者自らの事後報告値が選択結果から推測される参照点と一致しないという事態が，多くの被験者において生じていることを見出している．さらに，プロスペクト理論は唯一の参照点を仮定しているが，意思決定の参照点が必ずしも１つであるとは限らない．竹村（1998）が主張するように，意思決定者が複数の参照点を持つ可能性も十二分に考えられる．実際，アジア病気問題の被験者を対象としたプロトコル分析では，4割強の意思決定者（12人中5人）が2つの意思決定問題のうちの少なくとも１つにおいて複数の参照点に基づいて意思決定を行っていること

が確認されている (Maule, 1989). このように, プロスペクト理論はフレーミング効果を理論的に説明することはできるものの, 参照点の特定化の問題 (Fischhoff, 1983), 複数の参照点の存在可能性の問題 (Maule, 1989; 竹村, 1998) という2つの理由のために, 行動計量の観点から活用することは難しい点があるのである.

このような問題をはらむ参照点の概念を棄却した上で, フレーミング効果を理論的に説明するために, 状況依存的焦点モデルが提案されたのである. このモデルでは, フレーミング効果が現れるのは必ずしもプロスペクト理論が主張するように参照点が変化するためではなく, 結果の価値と不確実性への焦点の当て方が状況によって変わるために生じると考える. そして, ポジティブ・フレーム条件では可能な結果の価値よりも確実性に相対的な重みをかけるためにリスク回避になり, ネガティブ・フレーム条件では不確実性の減少よりも可能な結果の価値に相対的な重みをかけるためにリスク志向になると考える.

状況依存的焦点モデルでは, 観察者の立場から意思決定者の座標系は一貫しており, 意思決定者の属性への焦点の当て方が変化すると考える. しかし, 我々は, プロスペクト理論の立場を必ずしも否定するものではない. なぜなら, 参照点の変化という観点は, 意思決定者の立場からみると, 容易に理解され, また, 状況依存的焦点モデルと必ずしも矛盾するものではないからである. この問題に関する今後の研究課題としては, 参照点の移動を含めたプロスペクト理論の体系と状況依存的焦点モデルの体系とがどのような関連性を持っているかを理論的に明らかにすることが指摘される.

これまでは, リスク下における意思決定のフレーミング効果をとりあげたが, 状況依存的焦点モデルは, その他のフレーミング効果も説明可能である. また, ポジティブとネガティブのフレーム条件の問題だけでなく, 種々のフレーミング効果も説明可能である. さらには, フレーミング効果に類似した心理的財布の現象 (Kojima, 1994) の問題も, 原理的には, 適用可能である. 状況依存的焦点モデルは, トゥベルスキー・サタス・スロビック (Tversky, Sattath, & Slovic, 1988) の選択課題とマッチング課題による選好逆転現象を説明する状況依存的荷重モデルと, 数理的には非常に類似した体系にあり, 総合評価関数の指定と変数を変えるだけで, 同じ数理的表現になる. このことから, 基本的には同じ

数理的定式化によって，フレーミング効果のような記述普遍性の逸脱の現象とトゥベルスキーらのモデルによって説明される手続普遍性の逸脱の現象を，統一的観点から説明できることがおそらく可能になると考えられる．また，比較焦点効果のような選好の逆転現象（e.g., Dhar & Simonson, 1992；千葉・竹村, 1994）も状況依存的焦点モデルによって説明が可能であり，実際，モデルの適用によるデータ解析が進行している．これらの問題に関する今後の課題としては，このモデルを多属性へ拡張すること，個人差の問題なども含めて種々の実験・調査データを分析すること，それによるパラメータの特徴から意思決定行動の考察を行うことなどがあげられる．

最後に，本章で紹介されたモデルの意思決定研究における位置づけに関する考察を行う．状況依存的焦点モデルは，数理的表現を採用しているが，明らかに伝統的な効用理論の考え方とは異なっている．しかし，このモデルの確率の主観的変換関数がコヒアランスの基準（繁桝，1985）を満たすように制限を加えると，効用の状況依存性を許容する繁桝と横山（Shigemasu & Yokoyama, 1994）の「やさしいベイジアンの立場（flexible bayesian approach）」のような主観的期待効用理論を柔軟化した理論とも整合することになるかもしれない．

ペイン・ベットマン・ジョンソン（Payne, Bettman, & Johnson, 1992）は，意思決定の状況依存性を説明する研究枠組みとして，トゥベルスキーとカーネマン（1981, 1986）に代表される知覚論的研究とペイン・ベットマン・ジョンソン（Payne, Bettman, & Johnson, 1993）の研究に代表される計算論的研究とに分け，その統合の必要性をあげている．本研究で提案されたモデルは，どちらかというと知覚論的研究の枠組みに入るだろうが，参照点の概念のような計算論的研究に組入れにくいような概念を表現体系から消して，モデルによる予測やモデルの評価が容易にできるようにした点で，計算論的研究にもわずかではあるが近づけたと考えることができる．

状況依存的意思決定の代表的現象であるフレーミング効果というのは，それに類した現象は古くから知られており，心理学研究者にとっては当たり前の現象であるかもしれないが，「意味とは何か」という問題を我々につきつけている．述語論理の創始者フレーゲ（Frege, G.）が，「明けの明星」は「宵の明星」と

同様,「金星」のことをさすので同じ「意味(Bedeutung)」を持つが「意義(Sinn)」が異なるとしたのと類似した問題が, フレーミングの問題には横たわっている. すなわち,「明けの明星」は「宵の明星」とは名前も違うし, その雰囲気も違うが, まったく同じ「金星」を指すので, まったく同じであるとみなすことができる. このような外延的な論理の観点から言うと, 同一なものの選好判断が, 言語表現によって変わってしまうことは極めて不合理である. しかし, 名前が違うからその意義が異なって, 違う心理的効果や選択への効果を導くということも心理的には真実なのである. このように, フレーミング効果の問題は, 意味と何かということや意義と意味の違いなど, 哲学的な問題をはらんでいる.

本書で検討された状況依存的焦点モデルは, 現象の説明や予測という目的のためのヒューリスティクス的なモデルであり, その考察では意味論に関する問題を不問に付している. 今後は, フレーミング効果を理論的に解明する場合には, フレーゲによって示唆された問題を解決して, 意味論的にはっきりさせた理論化が必要になってくると思われる. この点では, 今回の「状況依存的焦点モデル」の提案では, フレーゲが示唆した根本的な問題は十分には解決されていず, 今後乗り越えるべき大きな問題があると考える.

Part II
状況依存的焦点モデルによる「行動計量」

　以上，第I部においては，状況依存的焦点モデルの，認知的意思決定理論としての基本的な考え方と，その数理心理学的な論理構成を述べた．しかし，状況依存的焦点モデルは，第I部で述べたような，プロスペクト理論を代表とするさまざまな「認知的意思決定理論」としての側面を持つだけのモデルとは異なるものである．それは，「統計的意思決定モデル」あるいは「行動計量モデル」としての側面を持つのである．この意味において，状況依存的焦点モデルとは，ランダム効用モデルと同様に，「認知的統計的意思決定モデル」（cognitive and satirical decision making model）と言い得るものなのである．

　以下第II部においては，状況依存的焦点モデルの，第I部で述べた認知的意思決定理論としての側面を踏まえつつ，統計的意思決定モデルとしてどのようなモデルであるのかを論じると共に，それを，どのような形で現実社会の社会的意思決定に反映させることができるのかを述べることとしたい．

　については第II部冒頭では，行動計量モデルの基本的な考え方を述べ，その上で，状況依存的焦点モデルの基本的な考え方に基づく行動計量モデルの概要を述べ，最後に，それを用いた種々の適用事例を紹介する．

7

「行動計量モデル」とは何か

7.1 行動計量モデルの基本

　人生は選択の連続であり，選択は意思決定の所産である．本書の第Ⅰ部では，それを記述するために，既往のさまざまな理論（効用理論や期待効用理論，さらには，プロスペクト理論等）を包含する形で提案されている「状況依存的焦点モデル」を紹介したところであるが，本章以降ではその状況依存的焦点モデルを用いて，「普段の我々の行動を説明する」という目的意識の下，「行動計量モデルのアプローチ」に基づいて意思決定を記述・理解することとしたい．

　ここに，「計量モデルのアプローチ」とは，次のようなものである．
1) 意思決定についての1つの概念モデルを想定すると共に，
2) 意思決定についての観測データとして行動を観測し，
3) 想定した概念モデルと行動のデータに基づいて意思決定プロセスを統計的に類推する，

つまり，計量モデルとは，概念モデルという"色眼鏡"を通して，観測可能なデータに基づいて，人々の"こころ"について数理的・統計的に理解しようとする試み全般を指すものであり，心理学研究における王道的，代表的な研究アプローチなのである．

　ただし，こうした計量モデルのアプローチは，心理学の研究においてのみ用いられる特殊なものでは決してなく，我々の日常生活の中で物事を理解するためにごく一般的に採用されているものである点を，ここに明記しておきたい．

　たとえば，「この人は良い人だなあ」という印象がどのように形成されるか

を考えてみよう．まず，こういった印象を形成するには，どういう種類の人間がいるのか，という理解のための認知的枠組みが必要である．これが，1) である．そして，対象者と話をしたり，噂を聞いたりして，対象者の行動についてのさまざまな情報を収集する．これが，2) である．そして，最初に想定した認知的枠組みの中で，それらの情報に基づいて，その人がどういう人かを類推するのが，3) である．その結果，「この人は良い人だなあ」という印象が形成されるに至る．つまり，この理解のアプローチは日常的に至って普通のものである．

ついては，状況依存的焦点モデルの行動計量モデルの側面を論ずる第II部の冒頭である本章においてはまず，行動計量モデルにおける最も基本的なモデルである「ランダム効用モデル」について述べることとする．

7.2　離散的判断のランダム効用モデル

現実の我々の日常生活の選択行動を説明するモデルとして，最も頻繁に使用されてきた代表的な行動計量モデルが，「ランダム効用モデル」である．ランダム効用モデルというのは，数理心理学を起源としたものであり，初期的には，離散的な判断を数理的に記述するために提案されたモデルである．それ以降，さまざまな分野に応用されてきており，その中でもマクファデンによって計量経済学に応用されて以来，計量的な経済分析やマーケティングにおける需要予測等のためには必須のモデルとして用いられてきた (McFadden, 1973)．今や，ランダム効用モデルは，その業績によって 2000 年にノーベル経済学賞がマクファデンに捧げられたほど，経済学をはじめとする社会科学に大きな影響力を持つ，代表的な「こころの数理モデル」の1つである．

このランダム効用モデルは，それが提案された当初は，選択行動を説明するためというよりはむしろ，人間の知覚・判断を説明するために提案されたモデルであった．心理学のさまざまな研究対象の1つに，人々が明るい/暗い，あるいは，大きい/小さいといった離散的な主観的判断に着目したものが古くから行われてきているが，この離散的な主観的判断を記述するモデルとして提案されたのがランダム効用モデルであった (Thurstone, 1927)．

図7.1 離散的判断のための効用モデル

ランダム効用理論の基本的な考え方は，離散的な判断の背後に，物理的な刺激に応じて連続的に変化する潜在量を想定するというものである．この連続量が，「効用」である．そして，この潜在量があるしきい値（threshold）を超過すると離散的判断が変化すると考える．

図7.1をご覧頂きたい．この図に示したように，ある物理的な刺激が，主観的な潜在量としての効用を規定する．この関係を記述するのが「効用関数」（utility function）である．そして，効用に基づいて，人々は明るい/暗いといった離散的な反応を決定する．その際，たとえば図7.2に示したように，しきい値と効用の水準との関係によって，離散的反応が決定されるものと考える（このようにしきい値と効用水準との関係で反応を決定する効用モデルは，特に順位反応効用モデル，ordered-response utility model，と呼ばれる）．

さて，離散判断を要請する心理実験では，同一の条件の下で，同一の実験参加者に明るいか/暗いかの判断を複数回要請した場合，明るいと判断する場合も，暗いと判断する場合もあることが知られていた（Thurstone, 1927；Edgell & Geisler, 1980）．すなわち，客観的条件が同じであっても，主観的なカテゴリー判断は"確率的"に変化することが実験的に示されたわけである．この反応のランダム性を上記の効用理論で説明するために，効用水準が確率的に変化すると仮定された，すなわち，効用を確率変数として定義された．これが，ランダム効用モデルである（なお，効用水準のランダム性を仮定しない効用モデルは，ランダム効用モデルとの対比のために確定効用モデルと呼ばれる場合もある．さらに，ここで述べているカテゴリー判断についてのランダム効用モデルは，順位反応ランダム効用モデル，ordered-response random utility modelと呼ばれる）．

図7.2の例にならえば，効用は図7.3に示すような確率分布を持つこととなる．それ故，たとえその分布の期待値が"どちらとも言えない"の領域にあったとしても，"暗い"と判断することも，"明るい"と判断することも，確率的にあり得ることとなる．

図 7.2 効用水準としきい値と離散的判断
この図は，しきい値 1 と 2 の間に効用水準が位置するため，"どちらとも言えない"の主観的判断を行うことを意味している．

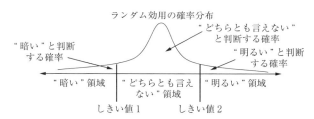

図 7.3 ランダム効用としきい値と離散的判断

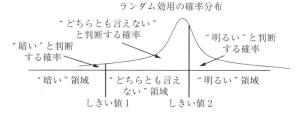

図 7.4 ランダム効用としきい値と離散的判断（図 7.3 よりも刺激量が多い場合）
ランダム効用の確率分布が，図 7.3 に例示したものよりも右にシフトしている．このシフトは，刺激量の増加，この場合では光量の増加によって生じている．その結果，"明るい"と判断する確率が増加する一方で，"暗い"と判断する確率が低下する．

一方，効用モデルでは，図 7.1 に示したように効用水準は刺激に規定されると考える．ランダム効用モデルの枠組みでは，刺激が及ぼす影響は，ランダム効用の確率分布の期待値が左右にシフトすることで表現される．たとえば，光量が増加すれば図 7.3 に示した確率分布は右側にシフトしていくこととなる．そして，しきい値は状況に即して変化することがないため，"明るい"と判断する確率が増加していくこととなる．逆に，"暗い"と判断する確率は減少していくこととなる（図 7.4 参照）．このように，ランダム効用理論では，刺激

によってランダム効用の分布が変化していくと仮定することで,刺激に伴う反応確率の変化を説明する.

ここで,以上の議論を数理的に表現してみよう.

ある個人のある刺激 S に対する反応 R が,$1, 2, \cdots, j, \cdots, J$ の J 個の離散カテゴリーのいずれかとなる場合を考える.たとえば,ある光を刺激とした時に,明るい,どちらとも言えない,暗いのいずれかのカテゴリーの反応をする場合などがこれに該当する.この場合,順位反応効用モデル(ordered-response utility model)は,潜在的な連続量である効用 U を想定し,次の様に,R が決定されるものと仮定する.

$$U = u(S) \tag{7.1}$$

$$R = \begin{cases} 1 & if(U < d_1) \\ 2 & if(d_1 \leq U < d_2) \\ \cdots \\ j & if(d_{j-1} \leq U < d_j) \\ \cdots \\ J & if(d_{J-1} \leq U) \end{cases} \tag{7.2}$$

ここに,$u(\ )$ が効用関数であり,刺激 S と効用 U との関係を記述する.そして,$d_1 \sim d_{J-1}$ がしきい値である.

さて,順位反応"ランダム"効用モデルが,上記の確定的な順位反応モデルと異なるのは,効用水準 U を確率変数と見なすという点である.すなわち,効用関数を式(7.1)ではなく,

$$U = v(S) + \varepsilon \tag{7.3}$$

という形で表現する.ここに,ε は確率的な振る舞いをする確率変数である"誤差項",$v(S)$ は確率的な振る舞いをしない非確率変数である"確定項"である.確定項は,$v(S)$ と表記したように刺激量 S によって確定的に変化する.しかし,誤差項は,刺激量 S とは無関係にランダムに変化する.そして,この式(7.3)と式(7.2)の2つの式で構成されるのが,順位反応ランダム効用モデルである.

さて,式(7.2),(7.3)より,刺激量が S の場合に,判断者が反応 $j(=1, 2, \cdots, J)$ をする確率は,次のように表記できることとなる.

$$P(j) = \begin{cases} P(v(S)+\varepsilon < d_1) & if(j=1) \\ P(d_{j-1} \leq v(S)+\varepsilon < d_j) & if(2 \leq j \leq J-1) \\ P(d_{J-1} \leq v(S)+\varepsilon) & if(j=J) \end{cases} \quad (7.4)$$

7.3　しきい値の推定

　確かに，以上に述べたランダム効用モデルの枠組みに基づけば，刺激の増減に伴う反応の変化や，反応のランダム性を事後的に説明できることは間違い無いだろう．しかし，人々の反応を事前に予測するためには，理論的に想定したしきい値を事前に把握しておくことが必要である．そして，もし，さまざまな状況におけるしきい値が推定できたのなら，状況に応じてしきい値がどの様に変化するのか，という点を理解することもできるだろう．こうした理解は，意思決定や判断の実環境における状況依存性を理解する上で，重要な知識を我々に提供することになるだろう．

　こうした認識から，人々の判断についての主観的データに基づいて，しきい値を推定する方法がさまざまに提案されている．以下，しきい値の推定の方法を簡単に説明しよう．

　ある一人の実験参加者に，さまざまな光量の明るい/どちらとも言えない/暗いの判断の回答を要請する実験をくり返し行ったとしよう．光量としてS_1からS_6（S_6の方がより明るい）の6段階を設定し，それぞれについて20回ずつ明るさ判断を要請したとしよう．そして，たとえば，表7.1のような結果，すなわち，明るくなればなるほど暗いという回答が減少し，明るいという回答が増加するという結果が得られたと考えてみよう．この表を見る限り，光量によって確定的に反応が規定されているのではなく，確率的に反応が生じていることがわかるだろう．だから，このような反応がなければ確定的な効用モデルではなく，このような確率的反応はランダム効用モデルで記述することが要請される．

　さて，この反応からしきい値を，"類推"してみよう．

　まず，"暗い/どちらとも言えないの間のしきい値"は，光量に規定される効用水準がそれを超過すれば"どちらとも言えない"と判断され，それを下回れ

表 7.1 仮想的な実験結果

光量	暗い	どちらとも言えない	明るい
S_1	19	1	0
S_2	10	10	0
S_3	5	14	1
S_4	1	13	6
S_5	0	8	12
S_6	0	2	18

ば"暗い"と判断される値である．それ故，しきい値に丁度対応した光量が用いられた場合，実験参加者はそれを暗いと判断するか明るいと判断するか，非常に悩ましく感じるだろう．それ故，S_4 より明るい条件の時のように，ほぼ迷い無く"暗い"と判断できるような水準には，そういったしきい値は無いと考えても差し支えないだろう．逆に S_1 の条件の時のように，ほぼ迷い無く"暗い"と判断できるあたりにも，しきい値は無いと考えても差し支えないだろう．こう考えると，恐らく，S_2 と S_3 のあたり，とくに S_2 近辺にしきい値があると考えてもそれほど的はずれではないだろう．同様にして，"明るい/どちらとも言えないの間のしきい値"は，S_4 か S_5 あたりにあると考えても差し支えないだろう．こうして，観測データが複数個得られていれば，主観的なしきい値はある程度"類推"することが可能なのである．

　以上の例は，1 人の個人から複数個の観測データを得て，その個人のしきい値を求めようとしたものであるが，同様にして，複数の個人から観測データを 1 つずつ得て，その人達（あるいは，その人達が代表する母集団）の平均的なしきい値を求めることもできる．さらに，こうした類推をする際に，ランダム効用の分布や，効用関数についていくつかの統計的数理的な仮定を設ければ，しきい値，あるいは，効用関数の形を観測データからより詳細に推定することができる．

　さて，ここで，以上に述べた順位反応ランダム効用モデルの推定方法を，数理的に示すこととしよう（なお，以上に述べたしきい値の"類推"の方法は，至極大雑把なものではあるが，基本的なエッセンスは以下に詳細な述べるものと大差はない）．

　まず，式 (7.2)，(7.3) で表現される主観的判断を想定しよう．その場合，

7.3 しきい値の推定

上述のように，式（7.4）のような形で，個々の反応の確率が誘導される．

一方，ある表7.1のような観測値が得られているとしよう．この表は，一人の個人を対象とした実験結果であるが，合計で120個の判断の観測値が得られている．ランダム効用理論に基づけば，それぞれの観測値が得られる確率が理論的に定式化される．この理論的確率を用いて，最尤推定法と呼ばれる推定方法に基づいて，しきい値を推定する．

表7.1に示した実験では，3つのカテゴリーがあるため，しきい値は2つである．これを d_1 と d_2 としよう．そして，まず簡単のために，効用関数は線形関数であると仮定しよう．すなわち，式（7.3）の効用関数を，

$$U = S + \varepsilon \tag{7.5}$$

と考えよう．この仮定に基づくと，個々の反応（$j=1$ 暗い，$=2$ どちらでもない，$=3$ 明るい）は次のように定式化されることとなる．

$$P(j) = \begin{cases} P(S+\varepsilon < d_1) & if(j=1) \\ P(d_1 \leq S+\varepsilon < d_2) & if(j=2) \\ P(d_2 \leq S+\varepsilon) & if(j=3) \end{cases} \tag{7.6}$$

さて，ここで，誤差項 ε が平均0，分散 σ の正規分布であると仮定しよう．ここに，分散 σ は，しきい値 d_1, d_2 と同様に，未知のパラメータである．そうすると，たとえば，上の式の $P(S+\varepsilon < d_1)$ は，次のように定式化される．

$$P(1) = P(S+\varepsilon < d_1) = P(\varepsilon < d_1 - S) = \int_{-\infty}^{d_1-S} \frac{1}{\sigma\sqrt{2\pi}} \exp\left[-\frac{1}{2}\left(\frac{\varepsilon}{\sigma}\right)\right] d\varepsilon \tag{7.7}$$

この式は正規分布についての"公式"からの誘導であり，その式の意味を取り立ててここで理解する必要はない．具体的な確率の値は，正直に上記積分を求めることでも得られるし，おおよその統計の教科書の付録に付いている正規分布表からも求めることができる．

要するに，式（7.6），（7.7）は，実験で得られた個々の観測値が得られる確率が，当該の観測値と未知パラメータ（正規分布の分散 σ，ならびにしきい値 d_1, d_2）の関数として表現できることを意味しているのである．簡単に書くとするなら，ある i 番目（$i=1, 2, \cdots, 120$）観測値 R_i が得られる確率は，

$$P(R_i) = \text{function}(d_1, d_2, \sigma, R_i) \tag{7.8}$$

となる．

ここで，次の関数 L を考えよう．

$$L(d_1, d_2, \delta) = \prod_{i=1}^{120} P(R_i) = \prod_{i=1}^{120} \text{function}\,(d_1, d_2, \delta, R_i) \qquad (7.9)$$

この関数は，個々の観測値が得られる理論的な確率 $P(R_i)$ を，すべての観測値について掛け合わせたものである．したがって，（確率 $P(R_i)$ が異なる i について独立であるとするなら），この関数は 120 個得られているデータの同時出現確率をランダム効用モデルの枠組みで定式化したものに他ならない．

個々の観測値は，式（7.8）に示したように，当該の観測値と正規分布の分散 δ，ならびにしきい値 d_1，d_2 の関数であるから，上記の関数 L もそれらの関数となる．ただし，観測値はデータとして得られているため，式（7.8）では，L は未知パラメータの関数として表記されている．

この関数 L は一般に尤度関数と呼ばれるものである．その意味をあえて説明するなら，少々複雑になるが，"現実に得られている複数の観測値が，観測値として得られる同時確率を，未知パラメータを含む何らかの理論モデルで定式化したもの"が尤度である．換言するなら，"得られているデータを前提とした場合に，現在想定している理論モデルがどれほど尤もらしいか，という指標"と言うこともできる．そして，最尤関数とは"尤度を未知パラメータの関数としてとして表現したもの"である．

さて，こうして定式化された尤度は"理論モデルの尤もらしさ"であり，かつ，"未知パラメータの関数"である．そこで，当該の理論モデルの尤もらしさを一番大きくするような未知パラメータを求めよう，というのが，最尤推定法である．つまり，最大の尤度を与える未知パラメータ群を，推定値として見なしましょう，ということである．こうして得られる推定値が最尤推定値である．

なお，尤度は複数の確率の積であるため，非常に小さなものとなり，計算機等で扱うことが難しいため，便宜的に次のような尤度に対数をとった対数尤度 LL が用いられる場合が多い（なお，対数関数は単調増加関数であるため，尤度を最大化して得られるパラメータの推定値も，その対数を最大化することで得られるパラメータの推定値も同じである）．

$$LL(d_1, d_2, \delta) = \sum_{i=1}^{120} P(R_i) = \sum_{i=1}^{120} \text{function}\,(d_1, d_2, \delta, R_i) \qquad (7.10)$$

以上をまとめると，得られたデータに基づいてこの式（3.10）で定式化される対数尤度の最大値を与える未知パラメータ（d_1, d_2, δ）の組み合わせを探す，という方法が，しきい値と誤差項の分散の最尤推定法である．

さて，以上の推定における前提は，式（7.5）に定義したように，効用関数を線形関数として定義していたが，効用関数をいくつかの未知パラメータが含まれるような形で定義することも，あるいは，対数関数（フェヒナーの法則）や指数関数（スティーブンスの法則）で定義することもできる．このように定義した場合においても，以上に述べた式展開と同様にして，新たな未知パラメータを追加する形で対数尤度関数が定式化できる．そして，これを最大化することで，しきい値，誤差項の分散に加えて，効用関数の形状を推定することも可能となる．この点については，後ほどもう少し詳しく述べて見よう．

また，以上の説明では誤差項の分布として正規分布を仮定したが，ロジスティック分布が仮定される場合もある．ロジスティック分布を用いると，式(3.8)に定式化したある反応が観測される確率を，正規分布を仮定する場合よりも簡便に定式化することができる．その上，ロジスティック分布の形状は正規分布のそれと類似しており，正規分布の近似分布としてロジスティック分布が仮定されることも多い．一般に，誤差項にロジスティック分布を仮定する場合の順位反応ランダム効用モデルは順位反応プロビットモデル，ロジスティック分布が仮定される場合は順位反応ロジットモデルと呼称されており，SPSS 等の統計パッケージで容易に推定計算を行うことができる．

7.4　離散的選択のランダム効用モデル

さて，以上に述べたランダム効用モデルは，離散的な"判断"に関するものであったが，離散的な"選択"にも適用することができる．

たとえば，クルマで通勤している個人を考えよう．通勤経路としては経路1と経路2の2つがあり，毎朝どちらかの経路を選択して通勤していると考えよう．この場合，効用モデルでは，その個人が経路1で行くことの効用と，経路2で行くことについての効用をそれぞれ形成するものと仮定する．この効用水準は，それぞれの経路の属性に依存して変化するものと考える．そして，それ

図7.5 離散選択のための効用モデル(選択肢が2つの場合)

ぞれの効用水準を比較して,より大きな効用水準を持つ選択肢を選択すると仮定する.

以上の意思決定過程は,図7.5のように記述できる.この意思決定過程は,離散的判断のための効用モデルとほぼ同様であるが,選択肢が複数存在し,その1つ1つに効用が形成されること,ならびに,それらを"比較"して最終的な反応,すなわち選択が決定される,という点の二点が相違点である.

さて,この個人は,経路1で行くこともあれば経路2で行くこともあるとしよう.そして,さまざまな客観的な条件が同一であったとしても,一方の経路だけを利用するのではなく,双方を選択することがあり得るものと考えよう.つまり,離散的判断の時と同様に,客観的な条件が同一であっても,反応は確率的に変化すると考えるわけである.これを表現するために,ランダム効用の考え方が導入される.

ランダム効用に基づく選択モデルでは,それぞれの選択肢の効用値が確率変数であると見なされる.すなわち,図7.6に示したように,選択肢1と選択2の効用水準は,確率的にさまざまな実現値をとり得る.図7.6に示した例では,ある選択において,たまたま選択肢1の効用よりも選択肢2の効用の方が大きくなった場合を示している.この場合には選択肢2が選択されるが,常に選択肢2が選択されるわけではない.なぜなら,図7.6を見てもわかるように,選択肢1の効用の実現値がたまたま図の右の方のものとなり,かつ,選択肢2の効用の実現値がたまたま左の方となる,すなわち,選択肢1の効用の方が大きくなることも確率的にあり得るからである.その場合には,選択肢1が選択されることとなる.

さて,図7.6の例では,選択肢2の効用の分布の期待値の方が,選択肢1のそれよりも右側にある.したがって,選択肢1の効用値の方が大きくなる確率

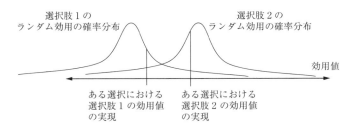

図 7.6 離散選択におけるランダム効用
この図は，選択肢 1 と選択肢 2 の効用値が，ある選択でそれぞれ図に示した値となったために，選択肢 2 が選択されることになることを意味している．

（すなわち，選択肢 1 が選ばれる確率）よりも，選択肢 2 の効用値の方が大きくなる確率（すなわち，選択肢 2 が選ばれる確率）の方が大きい．そして，両者の期待値が離れれば離れるほど，両者の選択確率の相違はより大きなものとなっていく．

　ランダム効用理論では，ランダム効用の期待値はそれぞれの選択肢の属性によって規定されると考える．たとえば，運転者は所要時間が短い経路を好む傾向にあるが，これは，所要時間が効用水準に対して負の影響を及ぼす事を意味している．したがって，ある経路の所要時間が短くなればなるほど，その経路のランダム効用の期待値は大きくなっていく．それ故，他の経路の属性に変化が無ければ，その経路が選択される確率は大きくなっていく．

　以上に述べたランダム効用モデルにおいて，各選択肢の効用関数が特定されていれば，各々の選択肢が選択される確率を，各々の選択肢の属性に基づいて予測することができる．さらに，効用関数を特定することで，人々がどのような属性を，どのように評価するのかを理解することができる．効用関数の推定方法は，基本的に離散的判断のしきい値の推定方法とほぼ同様である．

　さて，ここで以上に述べた議論を，数理的に表現することとしよう．

　ある個人が J 個の選択肢の中から 1 つを選択する場合を考える．そして，各々の選択肢 $j(=1, 2, \cdots, J)$ の，その個人にとっての属性が X_j で表記されるとしよう．ここに，属性の要素数を K とすると，X_j は $(x_{j1}, x_{j2}, \cdots, x_{jK})$ というベクトルである．

　さて，効用のランダム性を考えない場合，選択は次のようにモデル化される．

まず，次のように，各々の属性によって各選択肢の効用が規定される．

$$\begin{cases} U_1 = u(\boldsymbol{X}_1) \\ U_2 = u(\boldsymbol{X}_2) \\ \quad \cdots \\ U_J = u(\boldsymbol{X}_J) \end{cases} \quad (7.11)$$

ここに，U_j は選択肢 j の効用，$u(\ )$ は効用関数である．そして，当該個人が最終的に選択する選択肢 R は，次の式で決定される．

$$R = \arg\max_j (U_j) \quad (7.12)$$

ここに，$\arg\max_j (U_j)$ は，かっこ内の変数をすべての j について比較した場合に最大値を採る j，という意味である．この場合では，各選択肢の効用の中で最大の効用を持つ選択肢番号，という意味である．少々見慣れない表記かもしれないが，選択を数理表現する際に便利なため，使われることが多い．

さて，以上のように，効用を確定値として取り扱うと，各選択肢の属性が与えられれば，選択結果は一意に決定されることとなる．しかし，我々の多くの選択行動において，客観的な状況が同一であっても，選択結果は一意に決定されることは少ない．通常は，選択結果は確率的に変化することが一般的である．この確率的な変化，あるいはランダム性は，効用値が確率変数であるとみなせば，効用モデルの枠組みで表現可能である．これが，ランダム効用理論である．すなわち，各選択肢の効用を，

$$\begin{cases} U_1 = v(\boldsymbol{X}_1) + \varepsilon_1 \\ U_2 = v(\boldsymbol{X}_2) + \varepsilon_2 \\ \quad \cdots \\ U_J = v(\boldsymbol{X}_J) + \varepsilon_J \end{cases} \quad (7.13)$$

と定式化する．ここに $\varepsilon_1, \varepsilon_2, \cdots \varepsilon_J$ は確率変数である"誤差項"，$v(X_1), v(X_2), \cdots v(X_J)$ は非確率変数である"確定項"である．$v(\ )$ は，確定項を規定する効用関数である．この式（7.13）と式（7.12）で選択を表現するのが，ランダム効用理論である．

ここで仮に誤差項の確率分布として，正規分布やロジスティック分布などの，定義域が実数全体である確率分布を見よう．そうすると，各選択肢の誤差項は，それぞれ非常に大きな値となることも非常に小さな値となることも，確率的に

あり得る．それ故，非常に小さな期待値を持つ効用であったとしても，たまたま誤差項が大きな値であれば，高い効用値となるチャンスもある．したがって，いかなる選択肢であっても，選択肢の中で最も大きな効用を持つチャンスはあるため，その選択確率は0とはならない．

さて，式（7.13）と（7.12）より各選択肢の選択確率は，次のようになる．

$$\begin{cases} P(1) = P\left(\arg\max_j (U_j) = 1\right) \\ P(2) = P\left(\arg\max_j (U_j) = 2\right) \\ \quad \cdots \\ P(J) = P\left(\arg\max_j (U_j) = J\right) \end{cases} \quad (7.14)$$

つまり，選択肢 j の効用 U_j が最大となる確率が，選択肢 j が選択される確率なのである．

さて，この選択確率は，誤差項としてどのようなものを仮定するかによってさまざまに定式化できるが，離散選択の分析で採用されることが多い誤差項の仮定は，次のようなものである．

・ガンベル分布に従う[1]．
・すべての選択肢において，分散や期待値は同じである．
・異なる選択肢間の誤差項は，互いに独立である．

この仮定に基づくと，式（7.14）の選択確率は，次のように定式化できる．

$$\begin{cases} P(1) = \dfrac{e^{v(X_1)}}{e^{v(X_1)} + e^{v(X_2)} + \cdots + e^{v(XJ)}} \\ P(2) = \dfrac{e^{v(X_2)}}{e^{v(X_1)} + e^{v(X_2)} + \cdots + e^{v(XJ)}} \\ \quad \cdots \\ P(J) = \dfrac{e^{v(X_J)}}{e^{v(X_1)} + e^{v(X_2)} + \cdots + e^{v(XJ)}} \end{cases} \quad (7.15)$$

---

[1] 選択のランダム効用モデルでは，個々の選択肢ペアの効用の大小によって最終的な選択が決まる．効用の大小を議論することは，効用の差を議論することと同値である．そして，ランダム効用理論で効用の差を議論することは，2つの選択肢の誤差項の差を議論することを意味する．ここで，ガンベル分布に従う誤差項の差は，ロジスティック分布となるという性質を持つ．そして，ロジスティック分布は正規分布の近似分布である．それ故，ガンベル分布を仮定したランダム効用モデルは，正規分布を仮定するランダム効用モデルの近似と言える．

なお，この式の誘導過程を記述するには，少々紙面が必要となるため，ここでは割愛したい．詳細については，たとえばベン・アキーヴァとラーマン（Ben-Akiva & Lerman, 1985）を参照頂きたい．このような3つの仮定に基づく離散選択のランダム効用モデルは，特にロジットモデルと言われる．

もちろん，上記の3つの仮定が，現実の世界で常に成り立っているとは考えられないが，このように式（7.15）のように簡単に定式化できることから，それらが仮定されることが多い．もちろん，これらの仮定を緩和することも可能である．たとえば，誤差項の分布としてガンベル分布の代わりに正規分布を仮定し，かつ，個々の選択肢の誤差項が独立ではないと仮定した場合，プロビットモデルと言われる．ロジットモデルやプロビットモデル以外にも，さまざまなランダム効用モデルが提案されているが，その基本的な考え方は，以上に述べたものと同様である．

8

不確実性下の行動計量

8.1 「不確実性下の意思決定」と「リスク態度」

さて，前章で論じたランダム効用モデルは，我々の日常生活の色々な選択行動を説明するためのモデルとして，消費者の行動の分析や予測，都市空間や交通網の中での人々の行動の分析や予測など，実際にさまざまな局面に活用されているものの，その適用範囲は限定されたものである．そうした効用モデルの限界にはいくつかのものがあげられるのであるが，その中でも重要な限界の1つが"不確実な状況での意思決定を取り扱ったものではない"，という点である．

たとえば，道路上での経路選択を考えてみよう．経路Aに行けば，空いていれば早く行けるのだが，少しでも渋滞があれば大変長い時間がかかってしまう，しかし，経路Bで行けばそこそこ時間がかかるのだがそんなに渋滞するようなことはない，というような場合，人によっては経路Aを好むかもしれないが，別の人はより確実な経路Bを選択するかもしれない．あるいは，株の売買の選択は，今，株を売ればそこそこ儲けることができるのだが，ひょっとすると明日になればもっと値上がりして大儲けができるかもしれないが，暴落する危険性だってある，というような選択の時，どのような行動をとるかは人によってまちまちだろう．その他にも，曇っている朝に外出する際に傘を持っていくかどうかを考えている時，出張で初めて訪れた街で夕食をどこで食べるかを考えている時，結婚相手をこの人に決めてしまうかもっと別の人を探すかを迷っている時，など，我々の日常生活の中には，"先がわからないにも関わらず，意思を決定しなければならない時"というのが数限りなくある．むし

ろ,すべての選択行動においてその選択によって生ずる帰結が現実のものとなるのは,常にその選択を決定した時点の"後"であるという点に着目するなら,我々のすべての選択は程度の差こそあれ,"何らかの不確実性"がある状況の下での選択であると言っても過言ではない.先の章で説明した意思決定のモデルは,"選択して得られる結果があらかじめ確実にわかっている"という不確実性が存在しないという仮定の下でのモデルであったのだが,現実の人間の行動を記述しようとするならば,この不確実性の問題を避けることはできないのである.

こうした不確実性下における意思決定を記述するにあたって重要となるのが,その意思決定者の「リスク態度」である.リスク態度についてはすでに第I部4章でも述べられているが,ここでは上記の運転手の経路選択の事例を踏まえて,より具体的に例示する事としよう.たとえば,経路Aと経路Bのどちらを使おうかと迷っているドライバーを考えてみよう.そして,経路Bはどうやら渋滞がなさそうなので,絶対に15分で目的地につけそうである.一方,経路Aを使えば空いていれば10分で,そこそこの交通量があれば15分,だけど,道が混んでいれば20分かかってしまう,ということをあなたは知っているとしよう.だけど,今日の交通状況がどんなものかまったくわからないので,10分か,15分か,20分かは,あなたにとってもどれも「同程度の確からしさ」で生じるであろう,と考えているような状況を考えてみよう.すなわち,

経路Aを選べば, 10分で行ける確率が33.3....%で,
　　　　　　　　15分で行ける確率が33.3....%
　　　　　　　　20分で行ける確率が33.3....%.
経路Bを選べば, 15分で行ける確率が100%

という状況である.

まず,最も素朴にこの問題を考えるとすると,次のように言えるかも知れない.すなわち,
「どちらの経路を選択しても,期待値としては15分で行けるのだから,どちらで行っても一緒だ」

8.1 「不確実性下の意思決定」と「リスク態度」

と考えるかもしれない．経路 B は 15 分，一方経路 A の所要時間の期待値（平均）も 15 分（＝10 分×0.3333...＋15 分×0.3333...＋20 分×0.3333...），だから，所要時間の平均で比べたのなら，どちらでも一緒，と言えなくもない．

しかし，この判断には，少々違和感があるのではなかろうか．確かに，平均値で比べるならばいずれも 15 分だが，一方は確実に 15 分なのに，もう一方は 10 分で行けることもあれば，20 分もかかってしまうこともあるのだから，両者がまったく同じというわけでもなさそうである．

ここでさらに，列車のチケットを予約していて，そろそろ家を出ないと電車に間に合わなくなりそうだ，というような状況を考えてみよう．そして，列車の出発時間が，ちょうど今から「17 分後」だとしてみよう．確実に 15 分で行ける経路 B を使えば，列車に遅刻する可能性は無い．しかし，20 分かかってしまう可能性のある経路 A を使えば，ひょっとすると遅刻してしまうかもしれない．こんな時，あなたなら，どちらを選択するだろうか？言うまでもなく，確実に 15 分で目的地に行ける経路 B を選択することだろう．これを期待効用理論の考え方で言うなら，経路 A には遅刻するリスクがあるために，その期待効用が非常に小さなものとなってしまう一方，経路 B には遅刻するリスクが無いため，経路 B の期待効用の方が大きく，それ故，経路 B が選択される，というように説明することができる．このような不確実性を避ける一方，より確実な選択肢を好むような態度（一般に，不確実性に対する態度は，リスク態度 risk attitude と言われる）は"リスク回避型"（risk averse）と呼ばれている．

一方，上と同じように列車のチケットを予約している状況を考えてみよう．先ほどは時計を見たら，出発時刻まで「17 分」だったのだが，今回のケースでは，はたと時計を見ると「13 分後」にまで迫っていたとしよう．この時，あなたはどうするだろうか．確実に 15 分かかってしまうような経路 B を使えば，あなたは電車に乗り遅れてしまうことは間違いない．こんな状況では，ひょっとすれば 10 分で目的地（駅）にたどり着くことができるかもしれない経路 A を，一か八か使ってみるのではなかろうか．こういう状況における．先ほどと同じく，この判断を期待効用理論で説明するなら，経路 B を使えば確実に遅刻するので効用がとても小さい一方，経路 A を使えば間に合うこともあるかもしれないというメリットのために効用の期待値が大きいから，経路

Aが選択される，と言うことができる．このような不確実性に対する態度は，一般に"リスク志向型"（risk seeking）と言われる．不確実なリスクを追い求めて，選択の意思決定をするからである．

一方，特に電車のチケットも予約しておらず，早く目的地に着きたいというような動機も，遅く目的地に着いてしまうことを回避しようとする動機もさほど強く持たないような状況ではどうだろうか．この状況においてこそ，経路Aでも経路Bでも大した違いはない，と言えるのではないだろうか．もし仮に，経路Aと経路Bとがまったく同一だ，と思うとしたら，その時のあなたの不確実性に対する態度は「リスク中立型」（risk neutral）と呼ばれるものとなる．

8.2 リスク態度と効用関数の"形"

さてここで，以上に示した3つの例における，10分，15分，20分という所要時間の"効用（価値）"を考えてみることにしよう（4章の状況依存的焦点モデルでは価値関数としている）．

図8.1のa）をご覧頂きたい．これは，リスク態度が「リスク志向型」の状況における，それぞれの所要時間の効用を記載している．横軸は経路の所要時間を意味しており，縦軸は"負の効用"の水準を示している（これは，所要時間が長いほど"不満"をもたらすものなので，先の章で論じてきたような"満足感としての効用"ではなく"不満を意味する負効用"の大きさで考えるためである）．さて，リスク志向型の状況では，10分で目的地にたどり着けるのなら遅刻しなくても済むため，その負効用は大きなものではない．一方，所要時間が20分の場合には，電車に乗り遅れてしまうため，その所要時間は大きな負効用をもたらす．では15分の場合はどうだろうか．確かに，20分の所要時間に比べるなら，5分だけ早く目的地にたどり着けるのだから負効用は若干は小さなもので済むかも知れない．しかしながら，このリスク志向型の状況では，15分の所要時間でも電車に遅刻してしまうのであるから，20分の場合と同様に大きな負効用をもたらすこととなる．かくして，リスク志向型の場合には，負効用の大きさと経路の所要時間との間には，図8.1のa）のような関係があ

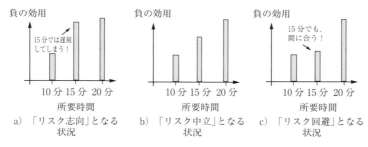

図 8.1 経路の所要時間の「負効用」

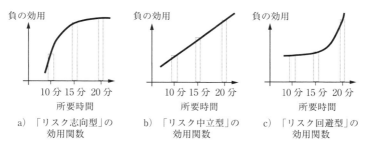

図 8.2 経路の所要時間の「効用関数」とリスク態度

る、ということとなる．そして，所要時間の負効用が所要時間に対して連続的に変化すると敢えて考えるのなら（注[1]），「負効用と所要時間の関係」はおおよそ図 8.2 の a) のような形になるだろう．なお，「負効用と所要時間の関係」は，一般に「効用関数」と呼ばれている（4章の状況依存的焦点モデルでは通常の期待効用理論の効用関数と区別するために「価値関数」としている）．以下では，この「効用関数」なる用語を用いて説明を進めることとしたい．

一方，リスク態度が「リスク回避型」となるような状況の場合には，どうなるだろうか．まず，所要時間が 10 分と 20 分についての負効用は，先ほどの「リスク志向型」と同様の水準となるだろう．なぜなら，10 分の場合には列車に間に合って，20 分の場合には遅刻するからである．ところが，15 分の所要時間に対する負効用は，先ほどとは大いに異なったものとなる．先ほどの場合には，所要時間が 15 分では列車に遅刻してしまったのだが，今回の場合には，遅刻しないで済むからである．かくして，図 8.1 の c) のように，所要時間 15 分の負効用は，所要時間 10 分の負効用と大差無くなるのである．ここで，先

ほどと同様に，所要時間の負効用が，所要時間に対して連続的に変化する状況を考えれば，効用関数（負効用と所要時間の関係）はおおよそ図8.2のc）のような形になるだろう．

なお，両者の極端なケースのちょうど中間のケースが，リスク中立となるケースであり，所要時間と負効用との関係は，図8.1のb），あるいは，図8.2のb）のように，直線となる．

さて，ここで，図8.2に示したa），b），そしてc）の「効用関数」を見比べていただききたい．リスク志向型の時，効用関数は上側に膨らんだ形をしている一方，リスク回避型の時には，効用関数は下側に膨らんだ形をしている．そして，リスク中立型の時には，効用関数は直線となっている．もちろん，リスク回避型やリスク志向型の効用関数の形は，遅刻することに対する忌避感や，外出前にしなければならない事柄の重要性等々によって変わってくるだろう．しかしながら，「できるだけ早く目的地に着きたい」と考えている場合，言い換えるなら「短い所要時間に注意が向いている場合」には，効用関数は，図8.2のa）のように"上に膨らんだ形"になる．一方，「できるだけ遅く目的地につくような事態は避けたい」と考えている場合，言い換えるなら「長い所要時間に注意が向いている場合」には，効用関数には図8.2のc）のように"下に膨らんだ形"となる．そして，早く着きたいとも，遅く着くことを避けたいとも考えていない場合には，いずれの所要時間に対しても均等に注意が向いており，その場合には，効用関数は，図8.2のb）のように直線となる．

以上の議論は，グラフを用いながら論じたので少々ややこしいものとなったかもしれない．しかし，言わんとすることは極めて単純である．すなわち，リスクを避けるか志向するかというリスク態度は効用関数の形に依存している，ということ，その一点である．

8.3 リスク態度の状況依存性

このように，期待効用理論では，我々のリスクに対する態度を，「効用関数の形」という形で上手に理論の内側に取り込むことができる．だからこそ，リスク態度さえあらかじめ想定でき，効用関数の形を定義しておくのなら，不確

8.3 リスク態度の状況依存性

実性下の人々の行動を記述することが可能となる．

しかしながら，計量モデルの観点から現実の行動を記述しようという観点に立った時，1つの問題点が持ち上がる．それは，我々の「リスク態度」は必ずしも固定されているわけではない，というリスク態度の「状況依存性」(contingency) の問題である．

リスク態度の状況依存性の存在を，最も明確に表している実証的知見の1つが，5章で紹介した"フレーミング効果"である (Tversky & Kahneman, 1981)．ここのフレーミング効果とは，不確実性下の意思決定問題の「問題の記述の仕方」が変わるだけで，ただそれだけで，人々のリスク態度が変わってしまうという実証的現象を意味するものである．ある記述の仕方をすれば大半の人々がリスク回避的な意思決定をするにもかかわらず，その問題を異なる記述の仕方をすると，ただそれだけで，人々はリスク志向的な意思決定をするようになる，という現象がフレーミング効果である．

このフレーミング効果を包括的に説明するモデルとして提案されているのが，「状況依存的焦点モデル」である．そしてそれは，第一部で論じたように心的なプロセスについての概念モデルを明確に想定しつつも，現実の行動を説明することも視野に入れた行動計量モデルとしての側面を持つのである．

第1部で論じた内容と重複するが，状況依存的焦点モデルによって不確実性下の意思決定を記述するにあたっては，意思決定者は，「結果の大きさ」と「不確実性」のそれぞれに対して焦点を当てた上で意思決定を行っているものと考える．そして，その「焦点の当て方」が状況によって変わるために，フレーミング効果が生じるものと考える．つまり，4章でも紹介したように，ポジティブ・フレーム条件では，結果の大きさよりも不確実性により注意を向けているためにリスク回避になる一方，ネガティブ・フレーム条件では不確実性よりも結果の大きさに相対的な重みをかけるためにリスク志向になる，と考えるのである（4章の図4.2参照）．

たとえば，列車の駅に向かう先ほどの例で言うならば，遅刻しないために確実に15分で着ける経路を使う「リスク回避型」のケースでは，

・より早く目的地に着くという「結果」よりも，
・遅刻してしまうかもしれないという「不確実性」に注意が向いている，

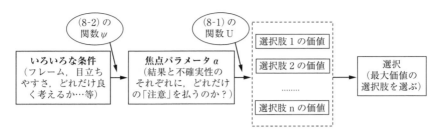

図 8.3 状況依存的焦点モデルの理論的な構成

と言えるだろう．一方，遅刻するかもしれないが，一か八かで，所要時間が不確実な経路を使う「リスク志向型」のケースでは，

・遅刻してしまうかもしれないという「不確実性」よりも，
・電車の時刻に間に合うという「結果」に注意が向いている，

と考えられるのである．このように，結果と不確実性に対する焦点化の度合いによって，リスク態度が異なったものとなるという仮説は「焦点化仮説」と呼ばれているものであり，焦点化の度合いが，4章の図4.2に示したように，フレーム条件を含めたさまざまな条件によって異なったものとなる，という考え方は，「焦点化の状況依存性仮説」と呼ばれている．

さて，以上の考え方を図で示すと，図8.3のようになる．つまり，いろいろな条件に基づいて，結果と確率に対する注意の当て方が決まり，それに基づいて各選択肢の価値が決まり，それらを比較することで選択がなされる，というものである．

なお，この図には「関数 Ψ や U」も合わせて記載しているが，その詳細については，4章の記述および注［2］を参照されたい．また，それに合わせて，**「焦点化パラメータ α」** なる用語が用いられており，これも数理表現において用いられる概念なのであるが，以下の議論を進めるにあたって重要な役割を担うパラメータであることから，ここでは，この点についてだけ簡単に説明しておきたい．

焦点パラメータの定義は極めて単純で，それは，

「結果と不確実性のそれぞれに向けられる注意量全体に占める，
結果に向けられる注意量の割合」

というものである．すなわち，たとえば，大雑把に言ってしまうなら，結果に

"15"なる注意が向けられており，不確実性に"5"なる注意が向けられている場合には，焦点化パラメータは，0.75(＝15/[15＋5])となる．

8.4 リスク態度の計量化

さて，以上は状況依存的焦点モデルを不確実性下，とくにリスク下において適用する場合の，具体例を用いたモデルに基づいて説明したものであるが，現実の行動を計量的に表現する具体的な方法の詳細について論ずることとしよう．

状況依存的焦点モデルにおける肝要な点は，「リスク態度」は，結果の大きさと不確実性に対する焦点の当て方として表現できる，というものであった．そして，その焦点の当て方を，「焦点化パラメータ」なる1つのパラメータで計量的に表現した．すなわち，この焦点化パラメータこそ，リスク態度を計量的に表現するものに他ならないのである．

ここで，期待効用理論においては，図8.2に示したように，リスク態度は「効用関数の形」で表現されるものであり，かつ，その形が状況に依存して変化することはない，という暗黙の前提が施されていた．この関連で述べるなら，状況依存的焦点モデルは，数理的にも，概念的にも期待効用理論を拡張したモデルと言うことができる．なぜなら，

1) 数理的な次元においては，焦点化パラメータという，状況に応じて変化するパラメータを1つ導入することで，期待効用理論の暗黙の前提を緩和し，フレーミング効果などの，期待効用理論では説明が不能であった意思決定上の現象を説明できるからであり，

2) 概念的な次元においては，その焦点化パラメータが「注意」なる心理的な構成概念によって説明される，という仮説（焦点化仮説）を設けているから，

である．

さて，ここで，焦点化パラメータを計量しよう，と考えている場合を考えてみよう．たとえば，研究者が不確実性下の意思決定実験を行い，得られたデータに基づいて焦点化パラメータを"計量"しようとしている場合でも，あるいは，自分自身の行動を振り返って，自らが結果と確率にどの程度の注意を払っ

ていたのかを考えている場合でもいい．この時，前者のような研究者の立場であれば当然のこと，後者のような自分自身の行動について考えている場合ですら，焦点化パラメータを"確定的"に言い当てることは極めて難しいだろう．なぜなら，結果や確率に注意を向ける，という認知的な活動は，主観的なものだからであり，的確に計測することが極めて難しいからである．先にも述べたが，焦点化の程度を眼球の運動を測定するという方法も考えられるだろうし，あるいは，fMRI等で脳の活動を測定するという方法も考えられるだろう．しかしながら，いかなる方法を用いようとも，"確定的"に"注意"なる心理量を測定することは原理的に不可能である．したがって，いかなる立場の者であっても，そういった内的，潜在的，心理的な変数を"計量化"しようとするならば，その変数は，分析者にとっては必ず"不確実"な変数，つまり，確率変数としてとらえざるを得ないのである．

　この前提に立つならば，焦点化パラメータを計量化しようとするのなら，それを確率的に変動するランダムな変数と取り扱い，前章で論じたランダム効用理論と同様に，その確率の分布を想定しつつ議論を進めることが不可欠となる．

　ここで，図8.4をご覧いただきたい．これは，ある人が，ある不確実性下の意思決定を行う時の焦点化パラメータが，分析する側の立場に立った時に，どのような確率分布を持っているのか，ということを表現したものの一例である．焦点化パラメータは，1に近づくほどリスク志向傾向が強くなり，逆に0に近づくほどリスク回避傾向が強くなる．しかしながら，分析者は，意思決定者の焦点化パラメータがどの水準にあるのかを確定的に理解することはできない．ただし，「どうやら，どちらかといえばリスク回避傾向が強そうだ」，というこ

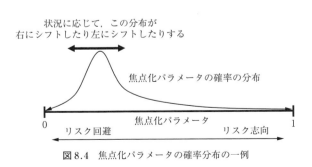

図8.4　焦点化パラメータの確率分布の一例

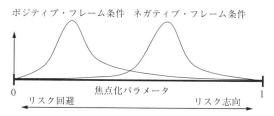

図 8.5　フレーム条件と焦点化パラメータの確率分布との関係

とくらいならわかるかもしれない．また，「完全にリスク回避ということも，完全にリスク志向，ということもなさそうだ」，ということも，何となくわかるかもしれない．もし，これだけの目星がついているのなら，焦点化パラメータは，リスク中立となる 0.5 よりも小さいところあたりにある確率が一番大きくて（つまり，確率分布の山の頂点があり），0 と 1 前後となる確率は 0 である，という，図に示したような確率分布をおおよそ描くことができるだろう．

　さて，このような確率分布を想定すれば，フレームの条件などのさまざまな状況によって焦点化の程度が変わるという「焦点化の状況依存性仮説」は，「状況に応じて確率分布の山が右にシフトしたり，左にシフトしたりする，という仮説」と言いかえることができる．この考え方に立ったとき，アジアの病気問題における実験参加者の焦点化パラメータはおおよそ図 8.5 のようなものとなっていると考えられる．つまり，ポジティブ・フレーム条件では，結果に対する注意量が小さく，そのために焦点パラメータは 0.5 よりも小さくなる可能性が高いのだが，ネガティブ・フレーム条件においては結果に対する注意量が大きく，そのために焦点パラメータが 0.5 よりも大きい可能性の方が高いのである．

　このように，焦点パラメータの確率分布に影響を及ぼす要因を統計的に調べていきさえすれば，フレーム条件だけではなく，どのような条件であっても，それがリスク態度や意思決定に及ぼす影響を計量的に理解して行くことができる．なお，統計的な分析手法は，ランダム効用理論の分析方法に類似したものであり，その考え方はすでに 7 章で論じた通りである．

　ここで，一例として，アジアの病気問題についてのさまざまな実験データを総合的に分析した結果を示してみよう（表 8.1 参照）．この表のように，ネガ

表8.1 アジアの病気問題のメタ分析結果

要因	効果の大きさ	p値
ネガティブ/ポジティブフレーム	-1.72	<.001
結果の強調	0.92	0.003
確率の強調	-0.23	0.441
ネガティブ条件でじっくり考える	-1.23	<.001
ポジティブ条件でじっくり考える	0.78	0.002

ティブ条件よりもポジティブ条件の方が，焦点化パラメータの期待値は確かに右側にシフトする（つまり，1に近づく）ことが示された．また，結果を強調すれば大きくなる一方，確率を強調すれば小さくなることも示されたが，確率の強調については有意な水準には届かなかった．また，興味深いことに，「ネガティブ条件でじっくり考える」という条件の下では，焦点化パラメータは小さくなることも示されている．つまり，ネガティブ条件では，そもそも結果に対して注意が向きがちなのであるが，よくよく考えれば結果を極端に注意する傾向が少なくなり，結果，焦点化パラメータが中立的な方向へとシフトしていくのである．そして逆に，「ポジティブ条件でじっくり考える」という条件の下では，焦点化パラメータは大きくなることも示されている．つまり，ポジティブ条件では，そもそも結果をあまり注意していなかったのだが，よくよく考えれば結果に対して注意するようになり，その結果，焦点化パラメータが中立的な方向へとシフトしていったのである．

このような計量分析は，実験データだけではなく，現実の消費者や生活者の行動に対してももちろん適用可能である．すなわち，こうした計量分析的なアプローチは，"フレーミング効果"や"注意"といった認知過程を視野に納めつつ，現実の行動というより高次の過程を説明することができるのである．

［注］
［1］ もちろん，この状況では17分の所要時間がかかるか否か，という点で，遅刻するか否かが分かれるため，負効用と所要時間との関係が「不連続」となるものと予想されるが，ここでは，説明の便宜上，「連続的に変化するならば」という想定の下，論を進めている．なお，電車の出発時刻が完全に時刻通りで無かったり，自分の家の時計が完全に時刻通りでなかったりした場合には，たとえここでの例示の状況においても，効用関数に連続性を仮定することもあながち誤りではない．
［2］ 状況依存的焦点モデルは，期待効用理論と同様に，

8.4 リスク態度の計量化

1) 複数の選択肢があり，かつ，
2) それぞれの選択肢を選んだ場合に生ずる「結果」には複数の可能性がある，

という不確実性が存在する状況での意思決定を記述するモデルである．そして，期待効用理論と同様に，選択肢のそれぞれを選んだときの満足感（以下，これを"価値"と呼ぶこととしたい）の大きさを想定し，それが一番大きな選択肢を選ぶものと考える．

いま仮に，「Pの確率で，結果がXとなる」というような選択肢が1つあるものと考えてみよう．たとえば，10％（=P）の確率で1万円（=X）もらえるようなくじが1つある，というような状況である．この時，状況依存的焦点モデルでは，このくじに対する「価値」は，XとPを用いた次のような関数$U(X, P)$で表現されるものと考える．

$$U(X, P) = F(X)^a G(P)^{(1-a)} \tag{8.1}$$

ここに，$F(X)$は，結果Xの価値を主観的に変換する関数，$G(\ )$は確率Pを主観的に変換する関数である．このように言えば少々複雑に聞こえてしまうかもしれないが，簡単に言うなら，先の例の「1万円がもらえる嬉しさ」が$F(X)$であり，「10％という確率がどの程度のものと考えているか」というのが$G(P)$である．そして，aは0〜1までの値を取る「焦点化パラメータ」であり，これが，結果に対する注意量に依存して変化すると仮定される．

状況依存的焦点モデルでは，焦点パラメータは，結果に対する注意量が最大値を取る場合，すなわち，結果のみを考慮して意思決定を行う場合には1として設定される．したがって，価値関数は，

$$U(X, P) = F(X)$$

となる．この関数が意味するのは，要するに，確率Pがまったく考慮されずに，結果の大きさのみによって意思決定が決定される，ということである．すなわち，この意思決定者は極端に「リスク志向型」となる．

逆に，結果に対する注意量が最小値を取り，結果が完全に無視される場合には0として設定される．この場合の価値関数は，

$$U(X, P) = G(P)$$

となる．この関数は，先ほどとは逆に，結果Xがまったく考慮されずに，確率の大きさのみによって意思決定が決定される，ということを意味している．それ故，この意思決定は極端なリスク回避傾向を示す．以上の焦点パラメータについての仮説が，焦点化仮説である．

さらに，焦点化パラメータはさまざまな文脈的要因に影響を受けるものと考えられる．これが焦点化の状況依存性仮説であり，数理的には以下のように記述できる．

$$a = \Psi(\theta_1, \theta_2, \theta_3, \cdots) \tag{8.2}$$

ここに，$\theta_1, \theta_2, \theta_3, \cdots$はさまざまな状況的要因を意味している．また，$\Psi \cdots$は$a$の$\theta$に対する状況依存性を意味する関数である．状況的要因としては，これまでの実験研究から，フレーム条件（Tversky & Kahneman, 1981），問題記述時の結果や確率の目立ちやすさ（藤井&竹村，2001），あるいは，どれだけ良く考えるか（Takemura, 1992, 1993, 1994），等の要因が明らかにされている．

以上のように，状況依存的焦点モデルは，式（8.1）（8.2）の2つの式で簡便に数理表現することができる．また，両式の意思決定プロセスにおける役割については，図8.3を参照されたい．

9

多属性選択の行動計量

9.1 多 属 性 選 択

　前章では,「結果の大きさ」と「不確実性」のそれぞれに対する意思決定者の焦点の当て方によって,不確実性下の意思決定における「リスク態度」が規定されるという理論モデルに基づく,行動計量方法を論じたが,第一部でも論じたように状況依存的焦点モデルは,意思決定に影響を及ぼす環境的特質,すなわち選択肢属性に対する焦点の当て方によって,意思決定が異なるものとなる,ということを主張する認知的意思決定モデルである.それゆえ,状況依存的焦点モデルでは,意思決定者は「結果の大きさ」と「不確実性」という側面以外のさまざまな側面に対して,さまざまな形で焦点を当て,その焦点の当て方によって意思決定結果が抜本的に異なってくる,ということを理論的に想定している.ただし言うまでもなく,複数選択肢間の意思決定においては,「結果の大きさ」と「不確実性」以外のさまざまな側面が意思決定に影響を及ぼすことが一般的であると考えられる.たとえば,自動車運転手の経路の選択においては,それぞれの経路の所要時間や信号の数,渋滞の可能性,走りやすさ,右折しなければならない交差点の数,高速道路を利用する場合にはその料金,といったさまざまな側面が,経路選択の意思決定に直接的に影響を及ぼし得るものと考えられる.

　こうしたさまざまな選択肢の属性が意思決定に影響を及ぼすような意思決定問題を,ここでは「多属性選択」と呼称する.

　こうした多属性選択を記述する標準的な意思決定理論は7章で述べた効用理

論である．7章の図7.5に示したように，効用理論では，それぞれの選択肢の属性が，それぞれの選択肢の効用の水準を規定し，そうして規定される効用の中で最高の水準を持つ選択肢を，意思決定者は選択する，と考える．そして，この考え方に基づく行動計量モデルが，「ランダム効用理論」である．

さて，こうした多属性選択を，状況依存的焦点モデルでも取り扱うことができる．その認知的意思決定理論としての考え方はほとんど上述の効用理論と類似するものであり，かつ，その行動計量モデルの考え方も，上述のランダム効用モデルと重複するものである．

しかし，状況依存的焦点モデルとランダム効用モデルとの本質的な相違は，ランダム効用モデルにおいては意思決定者のそれぞれの属性に対する重み（すなわち，効用関数）は固定的であると考える一方で，意思決定者のそれぞれの属性に対する「焦点の当て方」によって，いずれの属性を重視するかが異なる，ということを想定するところにある．すなわち，ランダム効用理論においては考慮することができない「意思決定の状況依存性」を考慮するところに，状況依存的焦点モデルの重大な特徴があるのである．

9.2 多属性選択における状況依存性を考慮することの「社会的意義」

さてここでは，多属性選択行動を計量するにあたって，状況依存性を考慮することの「社会的な意義」について述べることとしよう．

第一の意義は，「より正確な意思決定の予測」という点にある．

もしも仮に，実際に人間の意思決定が「状況依存的」なものであるのなら，より具体的にいうのなら，多属性選択における各属性に対する「重み」が，それぞれの意思決定者について固定的なものなのではなく状況依存的なものであるのなら，その状況依存性を記述する行動計量モデルの方が，ランダム効用理論のようなそうでないモデルよりも，「より正確に意思決定を計量」できることは間違いない．そして，より正確に意思決定を計量できれば，そのモデルを用いたより的確な行動の予測等が可能となる．より正確に行動を予測することができるなら，さまざまな社会政策（たとえば，最近しばしば取り上げられるものとしては，高速道路の無料化や環境税の導入など）を展開した折に，人々

の動き（先の例で言うなら高速道路の交通量など）をより正確に予測することが可能となる．これが，多属性選択において状況依存性を考慮した計量モデルを構築することの第一の意義である．

しかし，しばしば統計的な行動予測の実務的可能性についての議論の中で指摘されてきたように，どのような行動モデルを構築したとしても，その行動モデルで誤差無く未来の人間行動を予測することが不可能である（c.f. 藤井, 1999；Simon, 1990）．それ故，どれだけ努力をしたとしても予測精度は限定的である以上，「より正確な意思決定の予測」という，多属性選択における状況依存性を考慮することの意義もまた限定的なものと言わざるを得ないのである．

その点を踏まえたとき，次に述べる第二の意義の方が，より重要なものであると言うことができることとなる．その第二の意義とは，「社会的に望ましい行動を誘導する方途を検討することができる」というものである．

たとえば，いわゆる地球環境問題を考えた場合，自動車の利用やエアコンの利用は，多くの CO_2 を排出する「社会的に望ましくない行動」であると共に，個人的な利便性は高い「個人的には望ましい行動」である．その一方で，環境に優しい行動（たとえば，自動車を使わずに徒歩や公共交通を使ったり，エアコンを使わずに扇風機等を使う行動）を行うことは「社会的に望ましい行動」であると共に，個人的な利便性が低い「個人的には」望ましくない行動」である．なお，こういう選択問題に皆が直面している社会状況は，一般に「社会的ジレンマ」と言われる社会状況である（藤井, 2003）．そして，上記のような選択における，社会的に望ましいものの個人的には望ましくない選択行動は「協力行動」，個人的には望ましいものの社会的には望ましくない選択行動は「非協力行動」（あるいは裏切り行動）と呼ばれている．

さて，こうした環境問題に関わる社会的ジレンマ状況において，もし人々が，やはり「個人的な利便性」に焦点化しているなら，環境に望ましくない非協力行動を行うこととなろう．その一方で，人々が「CO_2 の排出量」に焦点化しているなら，環境に優しい協力的な行動を行うこととなろう．そして，環境問題が緩和，そして究極的には解消されることとなるだろう．

したがって，「どのようにすると人々は，個人的な損得勘定ではなく，社会

や環境全体の利益に関わるCO_2の排出量に"焦点化"するようになるのか」という点についての理解は，より多くの人々が協力的に振る舞うようになる社会を目指すにあたって，極めて重要な意味を持つのである．

こうした視点に立つ社会的な施策は，一般に，社会的問題を解消するための"心理的方略"（psychological strategy）と呼ばれている処方箋である．これは，経済のシステムやさまざまなインフラなどの，人々の生活環境の"構造"の変革を通じて問題の解消を目指す"構造適法略"（structural strategy）と呼ばれる処方箋と対をなすものである（藤井，2003）．この分類を用いるのなら，状況依存的焦点モデルという行動計量モデルを用いて，どういう状況において人々が意思決定においてどのような側面，属性に配慮するのかという点についての行動科学的知見は，"心理的方略"を用いて環境問題や渋滞問題などの，さまざまな社会の問題の処方箋を考える上で，重大な意義を持つのである．

9.3 囚人のジレンマゲーム

さて，以上に述べたものは，状況依存的焦点モデルにおける認知的意思決定に関する理論的議論である．ここでは，以上の理論的議論に，経験的な妥当性が存在すること，すなわち，実証的な妥当性があることについての一例を紹介してみよう．ついてはここでは，上記のような社会的ジレンマ問題の中でも，最もシンプルな問題として広く知られているものに「囚人のジレンマ状況」というものを想定する．この状況というのは，次のようなものである．

別々の独房に収容されている2人の囚人を考えてみよう．彼らは，互いに意思疎通ができない状況で，別々に取調べを受けているものと考えよう．ここで，取調官から，「相棒が主犯だと告発すればお前は従犯ということで刑が軽くなる．その場合，主犯が15年，従犯は1年の刑期だ．だが，どちらも相棒が主犯だと告発すれば，我々は両者を同罪と見なし，刑期は10年になる．ただし，どちらも黙っていれば3年の刑期を務めてもらわなければならなくなるのだが¾¾」という誘いをかけられたとしよう（図9.1）．それぞれの囚人は，次のように考えるかもしれない．

		囚人 A の選択肢	
		黙秘 (協力)	告発 (非協力)
囚人Bの選択肢	黙秘 (協力)	3年 (R) 3年 (R)	1年 (T) 15年 (S)
	告発 (非協力)	15年 (S) 1年 (T)	10年 (P) 10年 (P)

図 9.1　囚人のジレンマのゲームマトリクスの一例と基本構造

「もし相棒が取調官からの誘いに乗って告発したとすれば，どうだろうか．その場合，自分が告発すれば双方とも告発することになり，主犯／従犯なく，両者とも 10 年の刑を受けるだろうし，自分が告発しなければ自分が主犯となって 15 年の重罪を負わされてしまう．だとしたら，やはり告発した方が得策だ．逆に，相棒が告白していなければ，どうだろうか．その場合，自分が告白すれば，自分が従犯，相棒が主犯となって，1 年の軽い刑ですむ．だが，自分が告発しなければ，どちらも黙秘することになって，3 年の刑になってしまう．だとしたら，告発した方が得だ──．ということは，相手が告発していようがいまいが，自分は告発した方が得だ．」

もちろん，こう考えるのはこの囚人だけではない．もしも，相手の囚人も十分に合理的なら．「告発した方が得だ」という結論に至るだろう．かくして，両者は告発し，刑期は両者とも 10 年となってしまうのである．

ところが，もしも 2 人とも告発せずに黙秘していたのなら，両者とも刑期は 3 年で済むのである．

このように，1 人 1 人が私的利益を優先して合理的に告発してしまえば結果的に 1 人 1 人の私的利益が低下してしまう（10 年の懲役を食らってしまう）一方，1 人 1 人が私的利益を優先せずに黙秘していたのなら，結果的に 1 人 1 人の私的利益が増加する（3 年の懲役で済む），という利得構造のゲームが囚人のジレンマゲームなのである．

9.4　囚人のジレンマゲームの意思決定における"注意"の問題

　すなわち，囚人のジレンマゲーム（以下，PDゲーム）においては，両者が目先の利益にとらわれずに"黙秘"することが，結局は，それぞれの故人にとって"望ましい"という状況なのである．こうした状況において，どうすれば人々に協力的な"黙秘"という行動をとる傾向を促進することができるのであろうか．

　この問いに対して，状況依存的焦点モデルに基づくと，次のような回答を得ることができる．

　　「囚人のジレンマゲームにおける選択において，個々のプレーヤーが，"自分自身の利益"に対する認知的な注意量が相対的に減少し，"2人の利益の総和"等に対する認知的な注意量が相対的に向上すれば，非協力的な"告発"ではなく協力的な"黙秘"を選択する傾向が増進する」

　しかし，この仮説は「正しい」のであろうか？
　実際に人々は，自分自身の利益に対する"認知的な注意量"が低ければ，あるいは，"2人の利益の総和"に対する認知的な"注意量"が高ければ，黙秘＝協力を選択する傾向が増進するのであろうか？
　筆者らは，この疑問に対して心理学的に答えるために，"眼球運動測定装置"という，人間の目の動きを測定する装置を用いて得られる眼球運動データを取得する，次のような室内実験を行った（藤井・竹村・吉川，2005）．
　まず実験参加者として，東京工業大学の学生31名を1人ずつ部屋に招待し，プロジェクタでパソコン画面を投射するためのスクリーンの前の約2メートルの所に設置した椅子に着座してもらった．その上で，眼球運動測定装置を装着してもらって，スクリーンにPDゲームのマトリクスの読み方を説明するための画面を投射した．そして，当人がPDゲームとはどのような状況であるのかを，参加者の了解を確認するまで口述にて説明し，図9.2に示したPDゲームの行列をスクリーンに投射し，AまたはBの選択を要請し，その選択結果を

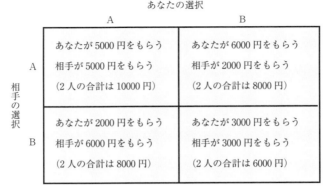

図 9.2 実験で提示した PD ゲームマトリクス

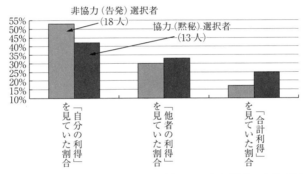

図 9.3 「協力者」と「非協力者」の「自分の利得」「他者の利得」「自他の利得合計」のそれぞれを見ていた割合（= 注視率）の比較

口頭にて表明してもらった．その結果，18人が協力選択肢（A），13人が非協力選択肢（B）を選択した．なお，ここでは，図9.2に示したように，通常のPDゲームの行列に記載されている情報に加えて2人が手にする金額の合計の情報も記載した．これは，実験参加者が，このPDゲームにおける"多属性選択"の問題において，どのような側面に注意を払いながら選択を行っているかを測定することを目的としたためである．

以上の前提で行った実験の結果，黙秘（協力）を選択した実験参加者が13名，告発（非協力）を選択した実験参加者が18名となった．そして，黙秘を選択した実験参加者と，非協力を選択した実験参加者のそれぞれが，それぞれの選

択肢の「どの属性に着目していたか」を，眼球運動測定装置で測定した結果を図 9.3 に示す．なお，図 9.2 に示したように，実験参加者には，「自分の利益」と「他者の利益」，そして，「両者の利益の合計」の"数字"を提示しているが，図 9.3 には，それらの"数字"を見ていた割合を，眼球運動測定装置によって測定した結果を示している．

この図に示した通り，非協力選択者（告発者）は協力者（黙秘者）よりも，自分の利得に注視する傾向が，約 10%程度も強いことがわかる．その一方で，合計利得に注視する傾向については，非協力選択者（告発者）よりも協力者（黙秘者）の方が，同じくおおよそ 10%程度強いこともわかる．なお，この両者の相違は，統計的に意味のあるものであることも示されている（藤井他, 2005）.

この結果は，先に述べた"仮説"を支持するものである．つまり，自分の利益ばかりに注目して全体の利益にあまり注目しない人々は非協力的な行為を選択する傾向が強く，逆に，全体の利益にも注目して自分自身の利益について注目する傾向が弱い人々は協力的な行為を選択する傾向が強いのである．

9.5 状況依存的焦点モデルに基づく行動の計量化

さて，ここでは以上の結果を，状況依存的焦点モデルに基づいて計量化してみよう．

そのためにまず，PD ゲーム下の協力 vs. 非協力の二者択一の多属性選択の意思決定を，以下のように統計数理的に表現する．

まず，意思決定者は，協力選択肢の潜在変数値 UC と非協力選択肢の潜在変数値 UD のいずれかの大きい方を選択するものと考える．一方，これらの値は，それぞれの選択肢を選択した場合に得られる，以下の 3 つの帰結の水準に影響を受けるものと考える．すなわち，

$Self$：自分の利益

$Other$：他者の利益

$SelfOther$：自他の利益の合計

以上の考え方は，一般的な多属性効用理論と同様の想定であるが，以上の属性値が潜在変数値に及ぼす影響の強度は，それぞれの選択肢属性に対する"注意

の量"に依存して変化するものと考える．さらに，これらの要因では説明できない要素の影響を確率変数であるランダム項で考慮するとした場合，これらを数理的に表現すると，次のように定式化することができる．

$$UC = U[f_S(Self^C, \alpha_S), f_O(Other^C, \alpha_O), f_{SO}(SelfOther^C, \alpha_{SO}), \varepsilon_C]$$

$$UD = U[f_S(Self^D, \alpha_S), f_O(Other^D, \alpha_O), f_{SO}(SelfOther^D, \alpha_{SO}), \varepsilon_D]$$

ここに，D および C はそれぞれ非協力，協力を意味するひき数，$\alpha_S, \alpha_O, \alpha_{SO}$ はそれぞれ $Self, Other, SelfOther$ の属性値への注視量，ε は誤差項，$U(\ )$，$f_S(\ ), f_O(\ ), f_{SO}(\ )$ はそれぞれ関数を意味している．

さて，これらの $U(\ ), f_S(\ ), f_O(\ ), f_{SO}(\ )$ の定式化の方法にはさまざまなものが考えられるが，ここでは U については簡便のために線形関数を，f については属性値の限界効果の低減を加味したフェヒナーの法則に基づいて対数関数を用いる．すなわち，

$$UC = (a_{S0}\alpha_S + a_{S1})\log Self^C + (a_{O0}\alpha_O + a_{O1})\log Other^C$$
$$+ (a_{SO0}\alpha_{SO} + a_{SO1})\log SelfOther^C + \varepsilon_D$$

$$UD = (a_{S0}\alpha_S + a_{S1})\log Self^D + (a_{O0}\alpha_O + a_{O1})\log Other^D$$
$$+ (a_{SO0}\alpha_{SO} + a_{SO1})\log SelfOther^C + \varepsilon_D$$

ここに，$a_{S0}, a_{S1}, a_{O0}, a_{O1}, a_{SO0}, a_{SO1}$ はそれぞれパラメータ（常数）である．この式は，次のように変形することができる．

$$UC = a_{S0}\alpha_S(\log Self^C) + a_{O0}(\alpha_O \log Other^C) + a_{SO0}(\alpha_{SO}\log SelfOther^C) + K_C + \varepsilon_C$$

$$UD = a_{S0}\alpha_S(\log Self^D) + a_{O0}(\alpha_O \log Other^D) + a_{SO0}(\alpha_{SO}\log SelfOther^D) + K_D + \varepsilon_D$$

ここに，$K_C = a_{S1}\log Self^C + a_{O1}\log Other^C + a_{SO1}\log SelfOther^C$

$$K_D = a_{S1}\log Self^D + a_{O1}\log Other^D + a_{SO1}\log SelfOther^D$$

以上の定式化に基づくと，意思決定者が協力を選択する（すなわち，$UC > UD$）となるという確率 $P(C)$ は，次のように定式化することができる．

$$P(C) = prob \begin{bmatrix} a_{S0}\{\alpha_S(\log Self^C - \log Self^D)\} + a_{O0}\{\alpha_O(\log Other^C - \log Other^D)\} \\ + a_{SO0}\{\alpha_{SO}(\log SelfOther^C - \log SelfOther^D)\} \\ + (K_C - K_D) > \varepsilon_D - \varepsilon_C \end{bmatrix}$$

$$P(D) = 1 - P(C)$$

この $P(C), P(D)$ が，状況依存的焦点モデルに基づいて，それぞれの選択肢属

表 9.1 PD ゲーム下の意思決定に状況依存的焦点モデルを適用した上で得られたモデル内の未知パラメータの推計結果

	a	t	p
Self	331.39	-1.53	0.063
Other	0.94	0.03	0.49
SelfOther	240.68	1.32	0.093
$K_C - K_D$	26.85	0.99	0.16

注) $N=31$, p 値は片側検定値. 全体の適合度は,
$2-[L^2(c)-(L(b))]=8.375$

性に対する"注意量"を導入した上で導出した協力確率と非協力確率である.

ここで, ε_D, ε_C がそれぞれガンベル分布であると想定すると(すなわち, $\varepsilon_D-\varepsilon_C$ についてロジスティック分布を想定すると), 第X章で紹介したいわゆる"ロジットモデル"と呼ばれる行動計量モデルの考え方に基づいて, 上記の定式化における未知パラメータを推計することができる.

今回得られた実験データに基づいて行った推定結果を, 表9.1に示す. 今回はこの結果に示すように, 少なくとも自分自身の利得(*Self*)と自他の利得の合計(*SelfOther*)については, それぞれの変数値への注意量(%)が大きいほど, その変数値の感度が大きくなる傾向にある, ということが統計的に示されている. そして, パラメータの大小に着目すると, 意思決定に対する影響の強度については, 「自分の利益」に対する注目の度合いが1%増加することによる効果の方が「自他の利益の合計」に対する注目の度合いが1%増加することによる効果よりも大きいことが, 幾分わかる.

いずれにしても, このパラメータを用いることで, 人々の注意が自分の利益に向いているのか, それとも, 全体の利益(自他の利益の合計)に向いているのか, そしてその度合いがどの程度なのか, ということで, どれくらい人々が協力的に振るまい, 非協力的に振る舞うのかのおおよその程度を, 計量的に推計することが可能となるのである.

9.6 この実験結果が示唆する"意義"

さて, 以上の結果は, 状況依存的焦点モデルの基本的な着想が, PD ゲーム

でも妥当することを意味している．そして，自分の損得ばかりに注目していると，人々はどん欲で，利己的な選択をしてしまうということを意味している．さらには，皆が「損得ばかりに着目した選択」をしてしまうと，結果的に両者とも「告発」をし，結果的に懲役が長くなってしまうということを示唆している．言い替えるなら，利己的な自分自身の損得ばかりに注目してしまっていると，回り回って結果的に「損をしてしまう」，ということがあり得ることを意味しているのである．

　さらにこれを逆に考えるなら，一人一人が「利己的な損得」に注目しないで，それ以外の選択肢の側面，たとえば，「みんなの利益」等に注目するのなら，人々は協力的になり，結果的に，皆が「得」をする結果を得ることができる，ということを暗示しているのである．

　そして興味深いことに，「みんなの利益」に注目するようになることよりも，「自分の利益」に注目しないようになることの方が，協力行動を選択する上ではより重要な意味を持つという点が示された．言うまでもなく，「自分の利益」に振り向けられていた注意が「みんなの」に振り向けられることによって，より効果的に協力行動が誘発されることになるのであるが，そうした転換においてとりわけ重要であるのは，「利己性の低減」という側面であることが示唆されたのである．つまり，社会的な秩序を形成するにあたって特定のモラルや規範を教育していくことも重要であるが，それよりもましてより重要なのは，「我が身の損得ばかりを考える卑しい利己的な傾向を低減させること」であるということが，計量分析より示唆された次第である．こうした知見は，「注意量」を計量的に取り扱う状況依存的焦点モデルによってはじめて示唆されうる知見であると言うことができるであろう．

　ただし，以上に示した実験は，「協力するか非協力かという行動データと，選択肢のどの属性に注目しているのかというデータとの相関関係」を調べるものであった．それ故，「利己的な損得に注目しなくなれば，人々は，社会的に望ましい，協力的な選択行動を行うようになる」ということを，直接証明するような実験データではない点に留意が必要である．

　については次節以降では，「特定の属性に注意を喚起することで，実際の行動が変わりうるのか」という点についていくつかの事例を紹介する事としよう．

10

社会問題解消のための行動計量アプローチ (1)
〜「道路渋滞」問題について〜

10.1 道路渋滞と意思決定問題

　現代の都市にはさまざまな社会問題があるのだが，その中でも「交通渋滞」は，とりわけ大きな問題の1つである．国土交通省の試算によると，渋滞による損失額は，たとえば東京だけで年間1兆2千億円，大阪府や愛知県でそれぞれ年間8千億円にものぼり，全国で毎年11兆6千万円の経済損失が渋滞によってもたらされている．この損失額は，日本の国家予算の1割以上もの水準となっている．

　こうした問題解消のために，日本を含む世界中の都市で，さまざまな取り組みが展開されてきている．その典型的な方法は，いわゆる「道路容量の拡張」という対策である．つまり，既存の道路の処理能力では処理しきれない程多くの交通量が存在する場合，道路の処理能力自体を上げることで解決しようとする対策である．道路の拡幅や，バイパスの建設などが，その対策の例としてあげられる．ただし，そうした対策はいずれも大きな費用が必要であったり，そのために必要な土地が確保することが難しい場合などがあり，必ずしも容易に実施できるとは限らない．

　そうした中で注目されているのが，「ドライバーの行動変容」を導き，それを通じて道路混雑の解消を図ろうとする方法である．つまり，混んでいる道路を利用しているドライバーの何割かを，他の交通手段や，別の時間帯，あるいは，他の経路などを利用するように転換させるような行動変容を導き，それを通じて当該道路の渋滞の混雑を緩和しようとする考え方である．

こうした発想から，近年ではドライバーの行動の変容を導くためのさまざまな方法が提案されてきた．たとえば，代替の交通手段となりうる地下鉄や鉄道をより便利に使用する取り組みであったり，当該の道路を利用しようとするドライバーに特別の料金（混雑料金）を課金したりする方法であった．

ただし，こうした方法以外にも，ドライバーの行動の変容を期待する方法がある．

それは，交通や料金システムなどの"行動の環境の構造"の変革ではなく，1人1人の意識や態度の変容を通して，1人1人の行動の変容を期待する（先の章でも紹介した）「心理的方略」である．

たとえば，1人1人が，「この道路を通ると，道路混雑が悪化して社会的な不便益が大きくなるので，個人的にはより多くの時間がかかるけれども迂回する経路を利用しよう」と考えたり，「こちらの道路の方がよけいに時間がかかってしまうけど，全体のCO_2の排出量が少なくて済むから，こちらの道路を利用しよう」というように，「私益」のみならず「公益」にも配慮した上で経路の選択を行うのなら，道路の混雑は削減されることとなるのである[1]．

しかし，ドライバーが，目的地までの所要時間を縮めたいと考えるのは極めて自然なことであると思われるし，それ以外の「ネットワーク全体の混雑」や「CO_2排出量」といった公益にも配慮するということは，あり得るのだろうか？

そしてそれがもしあり得るとするのなら，ドライバーの公益に対して配慮する傾向を，より強く導き出し，道路全体の混雑を緩和するようなことは可能なのだろうか？

言うまでもなく，状況依存的焦点モデルは，こうした問いに直接的に回答を提供することができる．ついては本章では，この問題に回答を提供するために，状況依存的焦点モデルの考え方に基づいて実施した室内実験（山本・菊池・藤井，2010）の結果を紹介すると共に，道路渋滞という現代の都市交通問題を解消するための，心理学的方法の可能性を論ずることとしたい．

---

[1] このように，経路選択においても公益と私益が必ずしも一致しない局面が考えられるということは，道路交通混雑問題もまた，公益と私益が対立する「社会的ジレンマ」の状況にあることを含意している．

10.2 経路選択の室内実験の概要

この実験では，図 10.1 のような，2 つの経路が存在する単純な道路ネットワークを想定し，その「分岐点」において，いずれの経路を選択するかの意思決定を要請するものである．この道路の分岐点では，意思決定者に対して，図 10.2 や図 10.3 に示したような「交通情報」を提供した[1]．

ここで提供する「交通情報」としては，表 10.1 に示した 6 つの条件のそれぞれに対応した 6 種類のものを設定した．

以下，ここで提供した情報の内容を説明しよう．

まず，提供した情報は，以下の三種類である．

いずれの条件においても提供した「所要時間」の情報であるが，これは，その経路を走行したときの，そのドライバーの目的地までの所要時間の情報である．

「CO_2 排出量」の情報については，4 つの実験群で提供しているが，これは，「ドライバーがその経路を通ったとき，分岐点から目的地までの全経路を走行するすべての車の所要時間の合計が大きくなることに伴い，ネットワーク全体から排出される CO_2 排出量の合計が何 kg 増加するか」を意味する情報である．なお，この排出量には，そのドライバーの自動車から排出される CO_2 排出量

図 10.1 本実験で想定するネットワーク

---

[1] 分岐点から目的地までの経路に関する交通情報は，便宜上，分岐点で提供されることにしているが，これは，必ずしも道路上の電光掲示板（VMS）のみを意味しているわけではなく，カーナビやインターネットによる交通情報提供，口コミによる情報も含め，「交通情報」一般を表している．この点を各実験参加者に意識させるため，実験前の実験参加者への説明においては，「皆さんは普段，走行する経路を選ぶ際，道路上の電光掲示板からの情報や，カーナビ，インターネットの情報，人から聞いた情報など，なんらかの情報を参考にすることがあるかと思います．本実験では，情報を，何らかの手段を通じて『入手した』というような状況を想像してください．」と説明したことに加え，実際の選択画面においても何を通じて入手した情報であるかは特定しないようなメッセージにするよう工夫した．

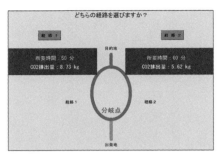

図 10.2 参加者に提示した交通情報表示の例(文字を強調無し,かつ,CO_2 情報提供時)

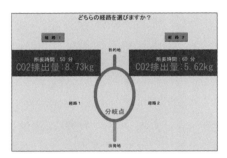

図 10.3 文字を強調した場合の交通情報表示(文字を強調あり,かつ,CO_2 情報提供時)

表 10.1 実験群の設定

	提供する情報 ※( )内は強調方法
グループ1 (統制群)	所要時間
グループ2 (CO_2 非強調群)	所要時間 + CO_2 排出量(強調なし)
グループ3 (CO_2 強調群)	所要時間 + CO_2 排出量(文字強調)
グループ4 (CO_2 動機付け群)	所要時間 + CO_2 排出量(動機付け)
グループ5 (CO_2 強調・動機付け群)	所要時間 + CO_2 排出量(動機付け+文字強調)
グループ6 (遅れ時間非強調群)	所要時間 + 全体の遅れ時間(強調なし)

も含まれるが，それ以外の自動車からのCO_2排出量の増加分も含まれている点に留意が必要である．それ故，道路の混雑状況によっては，「所要時間が短いが，CO_2排出量が多い経路」あるいはその逆に「所要時間が長いが，CO_2排出量が少ない経路」というものが現実的に存在している．

最後に「全体の遅れ時間」の情報とは，「ドライバーがその経路を通ったとき，分岐点から目的地までの全経路を走行するすべての車の所要時間の合計が何分遅くなるか」という情報である．情報の価値としては先に述べた「CO_2排出量」と大差は無いが，ドライバーの心的効果は，異なる可能性がある．

ここで，これらの3つの情報のうち，「所要時間」の情報は，その個人の利益のみに関わる情報であるから「私益情報」であると言える．一方でそれ以外の「CO_2排出量」と「全体の遅れ時間」は，当該の個人の利益のみに関わるのではなく，社会全体の利益に関わる情報であるから「公益情報」であると言える．

つまり，上記のグループ1においては私益情報のみを提供している一方で，それ以外のグループ2～グループ6においては，私益情報に加えて，さまざまな形で公益情報を提供しているのである．そしてもし，人々が私益情報のみに基づいて意思決定を行っているとするなら，グループ1とそれ以外のグループとの間で意思決定の傾向が変わることは無い，ということが予想されることとなる．

さらに，この実験では，以上に述べた情報の「内容」以外にも，特にCO_2排出量情報については，以下のような2種類の実験操作を加えている．

1つめの実験操作は，「認知的強調」である．これは，図10.3のように，CO_2情報の「文字」の色を変え，かつ，大きく表示することで，CO_2情報を「目立たせる」ように工夫する実験操作である．

もう1つの実験操作は，「動機的強調」であり，実験の直前に，「自動車を使ったときに排出されるCO_2の量が，他の日常的な活動におけるCO_2排出量に比べてダントツに高い」という情報を提供し，自動車からのCO_2排出量を削減することを呼びかけるというものである．

これらの「強調」についての実験操作が，CO_2排出量に対する「注意」を相対的に増強せしめるか否かについてはあらかじめ予測することは必ずしも困

難であるが，もしもこれらの操作によって意思決定が変化していることが測定されたなら，これらの実験操作によってCO_2排出量に対する注意量を実験的に操作し得たと結論づけることができるのである．

さて，実験では，こうして設定された6つのグループに無作為に割り振り，それぞれの参加者について，合計で20回の選択をくり返し要請した．

また今回の実験は「集団実験」の形式を採用し，それぞれの実験ケースにおいて，選択する人々の数が大きくなればその経路が混雑し，所要時間が大きくなる，という形で実験を行った．つまり，所要時間は，実験参加者の行動によって内生的に変化するという前提を採用した．そして，提供する各種情報は，そうして内生的に変化する交通の状態をリアルタイムに反映させた上で算定したものとした．

10.3 実 験 結 果

以上，少々詳しく実験の概要を説明したが，ここでは，その実験結果を述べる事としよう[1]．

まず，図10.4をご覧頂きたい．この図は，経路の分岐点において「公益にとって望ましい経路」（「CO_2」あるいは「全体の遅れ時間」の点から望ましい経路）と「私益にとって望ましい経路」（「所要時間」の観点から望ましい経路）とが対立した場合に，あえて「公益にとって望ましい経路」を選択した割合を，それぞれのグループごとにまとめたものである．この図に示したように，何ら公益情報を提供しなかったグループ1においては，公益にとって望ましい経路を選択する確率は格段に低い一方で，何らかの公益情報を提供した場合，公益に資する経路が選ばれる傾向が格段に向上していることがわかる．そして，その差異はいくつかの統計的な検定において有意なものであった．

このことはつまり，CO_2情報にしろ全体の遅れ時間情報にしろ，「私益」とは別の「公益」に関わる情報を提供することで，人々の行動が「公共的」「協

---

1) この実験では，この仮想的な意思決定にどの程度の現実的妥当性があり得るのかを確認すると言う主旨で，『「実際に，こういう状況にでくわした場合の，実際の選択」は，「今回の実験調査での選択」と，だいたい同じものになると思いますか？』と尋ね，これを1〜3の3段階で尋ねたところ，その平均が2.7と非常に高い水準であったことを確認した．

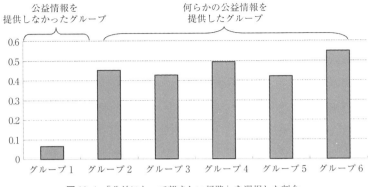

図 10.4 「公益にとって望ましい経路」を選択した割合

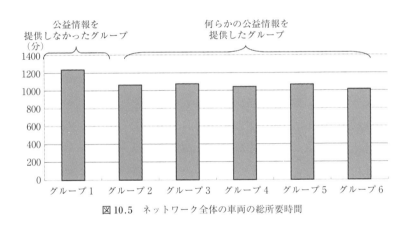

図 10.5 ネットワーク全体の車両の総所要時間

力的」な方向に変容しうることを示している.

そして1人1人が，このように「公益に資する」ような協力的な行動を行うことで，ネットワーク全体の混雑が緩和することが予想される．事実，図10.5に示したように，私益情報のみを提供している状況（すなわち，実世界における実際の状況）よりも，何らかの公益情報を提供する方が，おおよそ15%程度，自動車全体の移動時間の合計が減少していることが示された．つまり，ネットワーク全体の混雑が15%程度削減されたのである．

以上の結果は，道路上で提供されている所要時間情報や，ナビゲーションシステムで提供されている交通状況情報の中に，「CO_2 排出量」や「遅れ時間の

増加分」などの"公益情報"を配置するだけで，ドライバーがネットワーク全体の公益に資する協力的な経路を選択する傾向が増進し，それを通じて，ネットワーク全体の混雑度が1，2割程度緩和し得る，ということを示しているのである．

10.4　実験操作が"注意"に及ぼす計量分析

次に，各グループごとに，「私益」（所要時間情報）と「公益」（CO_2排出量情報，あるいは全体の遅れ時間）が意思決定に及ぼす影響を，以下の潜在変数関数を想定する状況依存的焦点モデルの考え方に基づいて推計した．

$$U = a_1 x_{Self} + a_2 x_{Public} + a_0 + \varepsilon$$

ここに，x_{Self}は私益情報（所要時間情報），x_{Public}は公益情報（CO_2排出量情報，あるいは全体の遅れ時間），a_0, a_1, a_2はパラメータ，εは誤差項である．そして状況依存的焦点モデルでは，a_1は私益情報x_{Self}に対する注意量が増減することで変化し，a_2はx_{Public}に対する注意量が増減することで変化することを想定する．

ここで，この誤差項としてガンベル分布を想定した上で，最尤推定法で各パラメータを推定した結果，得られた各グループごとの標準化係数推定値を図10.6，図10.7に示す．

まず，「公益情報」の係数については，図10.6に示すように，何らかの公益情報を提供するグループ2～6においては意思決定に影響を及ぼしている一方で，公益情報を提供しないグループ1においては，意思決定には影響を及ぼしていない．このことはつまり，先に示した，何らかの公益情報を提供することで公益に配慮した経路選択が誘発されるという結果は，公益情報の提供によって公益情報に対する"注意"が増進し，その係数が有意なものとなったが故に導かれた，ということが示唆している．

一方，図10.7に示した「所要時間情報」については，それほど大きな群間の差異は見られないが，グループ6の方がグループ2よりも所要時間情報の係数が「小さい」という結果が示された．このことはつまり，（CO_2排出量情報ではなくて）「全体の遅れ時間情報」を提供することで，「所要時間」に対する

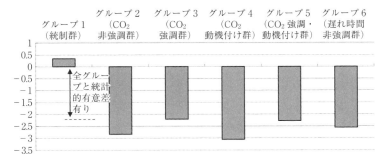

図 10.6 「公益情報」（CO_2 排出量情報あるいは全体遅れ時間情報）の標準化係数の推定値

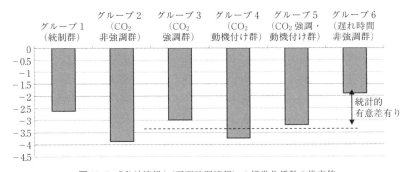

図 10.7 「私益情報」（所要時間情報）の標準化係数の推定値

注意量が低下した，つまり，利己的な意思決定傾向が緩和した，ということを示すものである．

この結果については，たとえば次のような解釈が可能である．まず，「CO_2 情報」は「kg」であり，所要時間情報とは異なる単位を持つ一方で，「所要時間情報」と「全体の遅れ時間の情報」は双方とも単位は同じ「分」という時間単位である．それ故，「全体の遅れ時間の情報」の方が「CO_2 情報」よりも，私益情報である「所要時間情報」とより高い認知的な親和性（compatibility）を持ち，この認知的親和性の高さのために，「全体の遅れ時間の情報」を提供することで「所要時間情報」に配分されていた注意が「全体の遅れ時間の情報」の方に割り振られた，という可能性が考えられる．

なお，図 10.6，図 10.7 のグラフからは，「CO_2 情報の強調」や「動機付け」によって，公益情報や私益量に対する注意量が変化している様子は，少なくと

も統計的には示されなかった．ただし，探索的な統計分析を行ったところ，「環境意識」の高い個人に対して「CO_2の文字を強調する」ことで，より公益に配慮した経路を選択する傾向が増進する傾向が示された．このことは，同様の強調操作を行っても，その反応は，個人の特質に依存する可能性を示唆するものと考えられる．

10.5 渋滞解消に向けた心理的方略の可能性とその在り方

以上，本章では，公益と私益が対立する社会的ジレンマ状況の中でも，とりわけ現実世界において一般に見られる「道路渋滞の問題」に焦点を当てた実証実験を紹介すると共に，そこで測定された行動とその意思決定における注意量について，状況依存的焦点モデルを用いた計量的な分析を加えた．

以上の実験がまず第一に示唆しているのは，道路の経路の選択問題，という目的地までの所要時間がとりわけ重視されるのではないかと思われるような選択問題においてすら，人々は確かに「公益」に配慮することがあり得るのだ，と言う点である．本章で示したように，自分自身の選択が，ネットワーク全体の混雑やCO_2排出量にどれだけ寄与してしまうのか（すなわち，迷惑をかけてしまうのか），という情報を提供することで，人々は，いわばそうした"社会的な迷惑"を低減するように動機付けられ，公益に資する経路を選択する傾向が増進するのである．

そして第二に，人々の注意と行動が変わることで，実際の道路の混雑が低下し得るのだ，ということもあわせて本実験より示唆されている．すでに概観したように，公益情報を提供するだけで，それを提供しない状況よりも1～2割程度もの全体の所要時間の総計，さらに言うなら，渋滞に伴う経済損失が軽減されることが示された．もちろん，この削減率は，状況に応じて増減するであろうから，公益情報によってどの程度の経済効果があるのかを一概に言うことはできないが，公益情報を提供するだけで，マクロな次元での経済効果を得ることがあり得るのだ，という可能性を示唆しているのである．

第三に，提供する情報の効果は，それぞれの属性に対する意思決定上の注意量が，提供情報によってどのように変わりうるのかという点から，解釈可能で

ある点が示された．たとえば，上述のように公益情報を提供することで公益情報に対する注意を喚起することができる，という知見や，環境意識が高い人に対しては，効果的に CO_2 情報を提供することで，より公益に配慮した行動を誘発する傾向が強くなる，などの知見が示された．

このように，1人1人のドライバーの注意の問題と行動といったミクロな視点と，ネットワークの混雑状況といったマクロな視点の双方を視野に収めた上で，現象の理解と記述，さらにはそれらを踏まえた社会政策の在り方を検討することができる点に，心理的，認知的な側面を考慮した行動計量モデルである状況依存的焦点モデルの重要な特徴があるということができる．

11

社会問題解消のための行動計量アプローチ (2)
〜「コンパクトシティ」問題について〜

11.1 実際のフィールドでの検証の必要性

　以上，公益と私益が対立する社会的ジレンマ状況において，私益のみでなく，「公益」にも配慮するような選択を導くことで，集団，あるいは，社会全体がより望ましい状況になり得る可能性を論じてきた．囚人のジレンマゲームにおける意思決定の分析結果からは，個人の利益にばかり注目するのではなく，社会的な利益に注意を向けるようになることを期待することを通じて，「協力的」な選択を行う傾向を増進することが示唆された．また，先の章で述べた室内の経路選択実験からは，道路混雑やCO_2排出量などの，公益に関する情報を提供することで，私益のみでなく公益に資する行動を選択する傾向が促進されることが通じた．そして，計量分析からは，そうした情報を提供することで，公共的な利益に対する心理的な重み，あるいは，注意量が増進している様子が示された．

　しかし，これらの実験は，あくまでも仮想的な状況を想定した，室内実験である，という点にも一定の留保が必要である．こうした室内実験は，特定の心的プロセスの存在を明らかにする際には極めて協力な方法論であるが，そこで見出された心的プロセスが，実際の行動に影響を及ぼすほどに重大な意味を持つか否かを確認するためには，現実のフィールドでの，実際の行動を確認する必要がある．

　ついては本章では，状況依存的焦点モデルの考え方に基づき，現実の「居住者選択行動」に関わる社会的ジレンマ問題を取り上げた上で行ったフィールド

実験の結果を紹介することとしたい．

11.2 「コンパクトシティ」を形成することの意義

　もしも人々が広い空間にバラバラに住み，商業施設や職場のオフィスなどもバラバラに立地しているというような地域を考えてみよう．このような地域では，仕事に行く場合にしても，ちょっとした買い物をする場合にしても，誰もが長い距離を移動しなければならない．また，こういう地域では，「鉄道」や「バス」といった公共交通手段を運営することが難しい．なぜなら，こういう密度の低い地域には，人々がまとまって住んだり集まったりする場所がどこにも無いため，どこに駅やバス停をつくっても，どこに路線を引いても，限られた少数の乗客を運ぶことしかできないからである．逆に言うなら，バスや鉄道という交通事業が「ビジネス」としてそれなりに成立するためには，ある程度人々がまとまって住んでいなければならないのである．それ故，人々は結局，移動するためには，多くのエネルギーを使いつつ大量の CO_2 を排出する，「自動車」を利用するしかない．かくして，こういう都市においては，人々があつまる「賑わいある都心」もなく，かつ，人々の移動はすべて自動車に頼らざるを得なくなるのである．つまり，こういう「人々がバラバラに住む低密度の都市」においては，エネルギー効率が悪く，地球環境への悪影響も大きく，かつ，人々の交流もほとんど無い，というさまざまな問題をはらんだ社会が実現してしまうのである．

　一方で，人々がある程度まとまって，「コンパクト」な都市に住んでいる場合には，こうした問題はすべて解消することとなる．まず，いろいろな施設が「コンパクト」に小さなエリアの中に存在しているので，人々は買い物などの普段の行動は，「歩いて」行くことができる．さらに，少し遠い所に出かけるときにも，必ずしもクルマに頼らなくても，バスや電車等の「公共交通」を利用することができる．なぜなら，こういう人々がまとまって居住し，活動する都市ではバスや鉄道という交通事業が「ビジネス」として成立できるからである．そして，その駅前などでは多くの人々が集まるのであり，必然的に「まちの賑わい」も生まれる．そして，人々はさまざまな形で「交流」することが可

能となる．つまり，こういう「コンパクトなまち」においては，エネルギー効率がよく，地球環境への影響も最小化され，しかも，地域のコミュニティや賑わい，活力が活性化されるのである．

どちらがより望ましい都市であるかは，以上の理由から改めて論ずるまでもないところであると思われるが，少なくとも日本においては，自家用車が社会的に広く滲透した「モータリゼーション」が生ずる以前の高度成長期以前の時代では，後者の「コンパクトなまち」が実現していた，というのが実態であった．人々はみな歩くか自転車か，あるいは，電車やバスで移動していたのであり，買い物や仕事などのすべての活動を，家の近所か，そんなコンパクトなまちの中で行っていたのである．

ところが，モータリゼーションが進展するにつれて，人々はさまざまな場所でさまざまな活動を行う「自由」を得たのである．そしてその結果は，日本中のすべてのまちにおいて，何十年もかけて少しずつ少しずつ，都心部に住んでいた人々が郊外に住むようになり，都心部に存在していたさまざまな商店やさまざまな都市の施設が郊外に立地するようになっていったのである．そして，先に示したような，エネルギー効率の点からも環境の点からも望ましくなく，人々の交流も活発ではない「人々がバラバラに住む低密度の都市」が形成されていったのである．

近年，こうした反省に立ち，再び我々のまちを「コンパクト」なもの，すなわち「コンパクトシティ」化しようとする議論が盛んになされるようになったのである．

11.3 コンパクトシティを巡る社会的ジレンマ

さて，そうしたコンパクトシティを形成していくためには，どのような方法が必要だろうか？

この問題を考えるにあたって，まずはじめに，「コンパクトシティ問題」の背後にある社会的ジレンマの構造を考えることとしよう．

先に，かつての日本の地域や都市は，いずれも「コンパクトシティ」であった一方で，モータリゼーションが進展して以降，郊外化が進展し，非コンパク

トシティとなってしまった，という点を述べた．なぜそうなったのかというと，多くの人々が，「居住地選択」の局面において，コンパクトシティを形成する方向にある「コンパクトシティ的居住地」（たとえば，まちなかや駅前，バス停近くなどの土地）よりも，都市の郊外化を促進する「郊外型居住地」（クルマでしか生活できないような土地）をより好んだからなのである．ここで，「コンパクトシティ的居住地」は，「協力的」な選択肢である一方で，「郊外型居住地」は個人の利便性に資する「非協力的」な選択肢であると見なすことができる．

まず，まちなかや駅前などの「コンパクトシティ的居住地」は，コンパクトシティの形成という公益に資する行動である．くり返しとなるが，そういう土地に住むことで，エネルギー消費量が低下し，CO_2の排出量も低下し，まちの賑わいや活力の向上に資するような買い物行動を行うことができるからである．しかしその一方で，土地代は概して高く，それ故に概して居住地の面積も狭く，庭などを持つことも難しい．そういう意味で，私益の点で言うなら，後に述べる郊外型居住地よりも，まちなかの方が「劣る」という側面があるのであり，実際，そういう理由から，人々は都心からどんどん離れていったのである．

その一方で，そういう郊外型居住地では，概して土地の値段も安いため，広々とした居住地に住むことができる．庭を設けることも都心よりも容易であるし，クルマの駐車場を作ることも容易である．また，確かに近所に商店などは無いのかもしれないが，郊外であるために都心よりも道路混雑の問題もなく，クルマさえあれば楽に買い物をすることができる．つまり，郊外という土地は，値段は安く，しかも，クルマさえあれば，便利な場所なのである．ただし，先に述べたように，クルマに依存することを前提で郊外に居住するという行為は，地球温暖化や省エネルギーの観点からも望ましくなく，かつ，都心のまちの賑わいやまちの活力の観点からも望ましい行為とは言えないのである．つまり，郊外に居住するという行為は，私益の点からは有利である一方で，公益の点からは望ましくない行為なのである．

つまり，居住地選択において「郊外型居住地」を選択するという行為は，私益に資するものである一方で，「コンパクトシティ的居住地」を選択すると言

う行為は公益に資するものなのである.

これが,現代都市に居を構えようとする人々すべてが直面する,社会的ジレンマなのである.

11.4 コンパクトシティを導く意思決定の促進に向けて

さて,こうしたコンパクトシティを巡る「社会的ジレンマ」を回避するために必要なのは,「協力行動が有利な属性」に対する「焦点化」の促進である.たとえば,コンパクトシティ的居住地が有利な「公共交通の利便性」という属性に対する焦点化を促すことで,コンパクトシティ的居住地が選択されることが期待されることとなる.あるいは,「環境への影響」という点に対する焦点化を促すことで,同じく郊外型居住地を避けてコンパクトシティ的居住地を選択する傾向を促進することが期待されることとなる.

しかし,「居住地選択」という,自分自身のライフスタイルそのものに重大な影響を及ぼす意思決定問題において,実際に,そうした協力的な行動を促す方向への「焦点化」を期待することができるのであろうか？確かに,状況依存的焦点モデルの基礎仮説である焦点化仮説や焦点化の状況依存性仮説を踏まえるなら,そうした焦点化を促すことは理論的に可能であることは間違いないし,これまでの実証実験でもそれが可能であることが裏付けられてはいる.しかし,本章冒頭でも指摘したように,それらの実証実験はいずれも「仮想的な意思決定問題」を取り扱う「室内実験」であるにすぎなかった.それ故,重大な意味を持つ「居住地選択」において,そうした焦点化を促すようなコミュニケーションや情報提供が存在し得るのか否かは,定かではない,と言わざるを得ないのである.

ついては,この点を確認する実験を,実際の居住地選択行動を対象として行った.その結果,そして,それが現実的に「可能」であることを,そして,その情報提供の効果は,極めて大きなものであったと言って差し支えない水準であった,ということが示されたのである（谷口・浅見・藤井・石田,2009）.以下,その実験の概要を紹介することとしよう.

11.5 実験の概要

この実験は，筑波大学の大学一年生を対象に行われた．筑波大学では，学部1年生の多くが大学敷地内にある学生宿舎に入居するのだが，学生宿舎は1年生に優先的に提供されるため，2年生に進級する際，多くの学生が学生宿舎を出て大学周辺のアパートに入居することになる．つまり，この2年生進級時点で，大量の学生が，筑波大学周辺という同一の地域内で，皆同様の「居住地選択問題」に直面するのである．この実験はこの機会を捉え，2008年3月末につくば市内のアパートへの引っ越しを予定している筑波大学の学部1年生を対象に実施された．

この実験は，対象者を無作為にいくつかのグループに分類し，それぞれのグループごとに異なる種類の住宅物件についての情報を提供する，という形で行われた．こうした情報提供は，引っ越しの3, 4ヶ月前となる2007年11月～12月に行った．そして，対象者が2年生になった直後の4月に，実際の居住地を測定することを通じて，情報提供効果を測定することとした．

さて，この実験では，以下の3つの情報提供グループを設定した．

図 11.1 バス利便性を認知的に重点化した住宅物件情報

動機づけ冊子記載内容 （全文，下線部は強調部分）

表紙：アパート・マンション，どうやって決めますか？
(1)アパートを探すとき：
　家賃，広さ，大学への距離，間取り，つくばセンター（つくば駅）への距離，築年数，日当たり，静かな環境，オートロックの有無　などなど，考えることはたくさんあります。
　アパート・マンションを決める！
　その前に　バス停までの距離　忘れていませんか？意外とあとで後悔しています！
(2)就職活動どうする？：
　バスだと，雨でも濡れない，汗をかかない，スーツが汚れる心配もありません。
　くたくたに疲れても寝て帰れます。
　それ以外にも．．．
　東京へ買い物に行くと，荷物がいっぱいになりませんか？バスだと荷物が多くても大丈夫。
　部活や実習で東京へ行くとき，試合の道具や資料が重い．．．．重い荷物もバスが運んでくれるから，大丈夫。
　駐輪場，駐車場の料金がかかりません。
(3)雨の日，どうする？：
　雨の日の自転車通学は，路面が滑りやすい上，傘を差しながらの片手運転はバランスを崩しやすいものです。なお，自転車の傘差し運転は茨城県の条例で禁止されています。雨の日はバスが安全です。
　それ以外にも．．．．
　筑波は歩道の段差が多く，自転車で買い物に行くと，卵が割れたり，牛乳パックが破れたりします。しかしバスなら，そんな心配ご無用。つくばセンターのジャスコまでらくに行けます。
　アルバイト前，バスならバイト先まで余計な疲れを感じずにいけます。
(4)そして，環境問題：
　筑波大学では，3，4年生になると多くの人が自動車を買います。自動車を使う一日は，バスを使う1日の　3倍のCO_2　を排出します。（グラフで，CO_2排出量の差を表示）
　皆さんが住む場所によって，バスを使えるかどうかが，変わります。それにより，生活で排出するCO_2が大きく変わってしまうのです。
　このようにアパート選びは地球環境に大きな影響を及ぼします。
　都市交通研究室では，地球環境にとっても，ひとり一人の暮らしにとっても，より望ましい「アパート選び」を促す研究を進めています。
　ぜひこの機会に，みなさん自身で，みなさんにも，地球にも望ましい「アパート選び」を検討してみてください。
(5)筑波大学のバス：
　（路線概要の図を掲載）この範囲の路線がわずか4200円の定期券で年度内乗り放題！つくばセンター発は，最大13本／時，つまり5分に1本以上走っている！
　Q.4200円ってどのくらいお得なの？
　A．大学周辺からつくばセンター間を1ヶ月3往復，年36往復したと仮定すると，なんと，年間14,520円もお得です！
(6)バスに便利なところは？
　天久保1, 2, 3丁目・春日4丁目がバス停に近く，便利です！
(7)バス停近くのアパート，どう探す？
　(a)お渡しした住宅情報誌でバス停に近いアパートを探す
　(b)気に入ったアパートを扱っている不動産屋に行く
　(c)部屋に空きがあれば，即契約！
(8)1年後…：(a)学校で講義，(b)就職活動で東京へ，(c)買い物をして帰宅，という生活シーン別に，バスと自転車の差をイラストで表現。

図-3(a)　動機づけ冊子の表紙

図11.2　動機づけ冊子のレイアウト　※左上の番号が左の表の記載番号に該当

1) 統制群： 「通常の住宅物件情報」（図 11.1 ①）を提供するグループ（18名）
2) バス焦点化群： 「バス利便性を認知的に焦点化した住宅物件情報」（図 11.1 ②）を提供するグループ（34名）
3) 動機付け冊子群： 「バス利便性を認知的に焦点化した住宅物件情報」（図 11.1 ②）と「バス利便性を動機的に焦点化するための動機付け冊子」（図 11.2）の双方を提供するグループ（20名）

ここで図 11.1 に示したように，「バス焦点化群」で提供する物件情報は，バス停から 3 分以内にある物件には，赤いマークを付与するというのが，統制群との相違である．すなわち，バスの利便性が高いという点を白黒資料に赤字で強調することで，意思決定において公共交通の利便性という物件属性に対して焦点化する傾向を「認知的」に促進しようとするのが，バス焦点化群を設置したねらいである．一方，「動機付け冊子群」は，こうしたバス利便性情報を焦点化した物件情報を提供することに加えて，図 11.2 に示したようなバス利便性が高い物件を選択することの，さまざまなメリットを説明する動機付け冊子を提供した．この冊子では，バス利便性の高い物件が，私益の観点から便利であるというメッセージに加えて，CO_2 排出量を削減するという公益の観点からも望ましいものであるというメッセージを提供する．

11.6 実 験 結 果

図 11.3 に，各グループにおける「バス停から 3 分以内の物件」を選択した実験参加者の割合を示す．この図より，バス停に近い物件，すなわち，「コンパクトシティ的物件」を選択する実験参加者は，「バス利便性」という選択肢属性に対して，認知的にも動機的にもとりたてて焦点化を行わない場合には，約 6 人に 1 人程度しかいないことがわかる．ここで，一般的な不動産物件の情報においてはコンパクトシティ的物件を推奨するような焦点化がなされていないという点を踏まえるなら，この対象地域においてはおおよそ 6 人に 1 人程度しか公共交通の利便性の高いコンパクトシティ的物件が選択されることは無

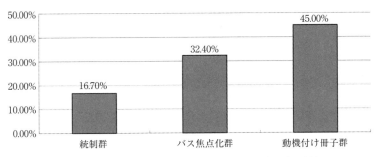

図 11.3 バス停から 3 分以内の物件を選択した参加者の割合

い，ということが想定される．

その一方で，物件情報に「バス便利マーク」を付与して，バス停から近い物件を強調するだけで，バスの利便性の高いコンパクトシティ的物件を選択する人の割合は，約 2 倍になり，3 人に 1 人へと大きく向上した．さらに，そうした認知的な強調に加えて，バスの利便性の高い物件を選択することの私的，かつ公的な理由についてのメッセージを提供することで，統制群の約 3 倍，おおよそ 2 人に 1 人にまで，コンパクトシティ的物件を選択する割合が向上するという結果となった．

もちろん，たかだか 1 人や 2 人，5 人や 10 人の居住地が変わったところで，都市のかたちそのものが変わるわけではない．しかし，この実験で用いたような「バス便利マーク」を多くの物件情報冊子において用いたり，動機付け冊子を居住地選択を考えている人々にどうにかして配布することができるのなら，公共交通の利便性の高い居住地を選択する人々が 2 倍，あるいは 3 倍になり，10 年，20 年をかけて確実に「コンパクトシティ」に近づけていくことができるであろうことが，本実験の結果から示唆されるのである．

ここで，「バス停から 3 分以内の居住地」と「それ以外の居住地」の二者択一問題を考え，この選択問題を，以下の潜在変数 U_i を想定する状況依存的焦点モデルで計量的に分析する．

$$U_i = aBD_i + \varepsilon_i$$

BD_i はバス停までの距離が 3 分以下か否かのダミー変数であり，ε_i はバス停までの距離以外の要因の効果を現す誤差項である．また，i は選択肢の番号を表

表 11.1 状況依存的焦点モデルに基づく定式化における未知パラメータの，ロジットモデルを活用した場合の推定結果

	B	t 値	p 値
a_1 (for $Ccog$)	0.20	1.54	0.06
a_2 (for $Cmot$)	0.13	0.93	0.18
a_0	-0.81	-3.04	<0.001

注）$n=72$，$-2(L(B)-L(C))=86.55$．B は係数推定値，t 値はその t 検定結果，p 値はその際の片側検定における p 値．

すひき数である．そして，パラメータ a は状況に応じて異なるパラメータであると想定する．すなわち，バス停までの距離という要因に対して焦点化がより強く生ずるほどに大きな値となる焦点化パラメータであると考える．そして，その焦点化の程度が，実験条件によって既定されるものと考え，パラメータ a について，

$$a = a_0 + a_1 Ccog + a_2 Cmot$$

と仮定する．ここに $Ccog$ はバス停便利マークが付与されるか否かの直行対比変数，$Cmot$ はバス停便利マークを付与した上で動機付け冊子が配布されたか否かの直行対比変数であり，a_0, a_1, a_2 はパラメータである．

以上より，

$$U_i = (a_0 + a_1 Ccog + a_2 Cmot) BD_i + \varepsilon_i$$
$$= a_0 BD_i + a_1 Ccog\, BD_i + a_2 Cmot\, BD_i + \varepsilon_i$$

ここで，誤差項 ε_i としてガンベル分布を仮定すると，この7章で述べたロジットモデルを用いて，上記のパラメータを推定することができる．

以上の前提に基づいて，上記のパラメータを推定した結果を，表 11.1 に示す．この表に示すとおり，a_1，a_2 共に正の値となり，特に a_1 の推定値は有意傾向となった．すなわち，バス停までの距離が近いか否かという要因のパラメータが，赤いマークでその要因を強調することで大きくなる，という状況依存的焦点モデルの基本仮説である焦点化の状況依存性仮説を支持する傾向が確認された．

なお，a_2 については統計的に有意な水準には届かなかったが，今回の実験では，動機付け情報を提供するという実験操作は，上記の赤いマークで認知的に強調するという実験操作に加えて実施したものであるため，a_2 は正確に言

うと，認知的強調操作に加えて実施された動機的強調操作についての"追加的"焦点化効果を意味するものである．したがって，動機的強調操作そのものの効果については，また別途検討することが必要であるものと考えられる．

11.7 コンパクトシティを導くコミュニケーションの在り方

以上，この章では，「マクロな都市のかたち」をより社会的に望ましいものへと転換することを目指した「1人1人のミクロな居住地の選択行動」に着目した実証的検討結果を述べた．この実験により明らかにされたのは，これまで室内実験で確認されてきた「焦点化の変容を通じた，意思決定の変化」は，実際のフィールドにおける現実の意思決定において，しかも，居住地選択という，ライフスタイル全般に重大な影響を及ぼす意思決定において見いだすことができる，というものであった．くり返しとなるが，コンパクトシティを形成するにあたって不可欠な公共交通の利便地域における居住地選択行動を実行する人々を，認知的あるいは動機的に強調したコミュニケーションによって，2～3倍程度にまで増加させる効果があることが示された．そして，特にそういうコミュニケーションを行わなければ，6人に一人程度しか存在しなかったコンパクトシティに資する居住地選択行動を，半数程度にまで押し上げる効果があることが示された．

こうした居住地の選択行動の変容は，その地域における交通の流動に大きな影響を及ぼしうるものである．事実，転居から半年が経過した11月に，実験対象者達の交通行動を測定したところ，通学のためのバス定期券を購入している割合に，大きな差が生じていることが明らかとなった（浅見・谷口・藤井・石田，2009）．図11.4に示すように，統制群では2割弱に満たないバス通勤率が，バス焦点化群で4割，動機付け冊子群においては実に約67%であることが示されたのである．

ここで強調すべきは，こうした交通行動の際をもたらしたのは，物件情報における小さな"赤いマーク"を付与したり，動機付け冊子を提供したりという小さな操作なのである，という点であろう．しかも，それらの中でもとりわけ，統計的に及ぼした大きな影響が示されたのは，小さな赤いマークを付与する，

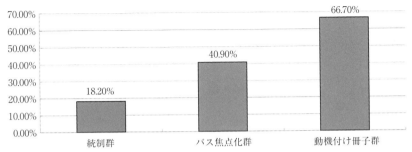

図 11.4 転居後半年後における，各群のバス通勤定期券所有者の割合
（統制群 23 人，バス焦点化群 24 人，動機付け冊子群 9 人）

という操作であったのである．言うまでもなく，そういう実験操作を施したのは，状況依存的焦点モデルの基礎仮説である"焦点化の状況依存性仮説"があったからであり，かつ，それを支持する室内実験結果が多数存在したためである．

このことは，本書で述べている状況依存的焦点モデルは，単に，人間の意思決定を認知的統計的により適切，かつ詳細に記述しうる能力を持つ，というだけではなく，都市のかたち，というような現実のマクロな社会問題を解消しうる潜在的な力を持ちうるモデルであるということを含意していると言えるだろう．なぜなら，そのモデルは，ただたんに意思決定のプロセスを正確に記述しようとするものなのではなく，意思決定の環境に対して，人々がどのように"注意"を向けるのか，という環境と意思決定との相互作用を的確に反映することを目指したモデルだったからである．そしてだからこそ，環境に対する注意の向け方の操作を考慮することで，人々の意思決定を，より"社会的に望ましい"方向に転換することを促す"処方箋"（プレスクリプション）を検討することができるからである．

無論，本章で示した実証的検討は，未だフィールドにおける"実験"であるにすぎない．したがって，これからは，こうした統計的理論的な意志決定研究結果を踏まえた"行政実務"の検討を図っていくことが必要であろう．ただしくり返すまでもなく，そうした行政実務的な検討を図っていく上に置いても，本書で述べたような"理論的"で"実証的"な志向性を常に担保しておくこと

で，より実りある，効果的で効率的な行政施策を検討することが可能となるものと期待されるのである．

　本書がそうした意義ある実践に資することができれば，筆者らの望外の喜びである．

文　　献

Allais, M. (1953). Le comportement de l'homme rationnel devant le risque, critique des postulates et axiomes de l'Ecole americaine. *Econometrica*, 21 (4), 503-546.

Anscombe, F. J. & Aumann, R. J. (1963). A definition of subjective probability. *The Annals of Mathmatical Statistics*, 34 (1), 199-205.

Arrow, K. J. (1982). Risk perception in psychology and economics. *Economic Inquiry*, 20 (1), 1-9.

浅見知秀・谷口綾子・藤井　聡・石田東生（2009）．引っ越しMMとバス利用促進MMの相互作用によるバス利用促進効果分析．土木計画学研究・講演集，CD-ROM，39．

Bell, D. E., Raiffa, H. & Tversky, A. (1988). Descriptive, normative, and prescriptive interactions in decision making. In Bell, D. E., Raiffa, H. & Tversky, A. (eds.) *Decision Making : Descriptive, Normative, and Prescriptive Interactions*. Cambridge University Press, pp. 9-30.

Ben-Akiva, M. & Lerman, S. R. (1985). *Discrete Choice Analysis*. MIT Press.

Birnbaum, M. H. (ed.) (1998). *Measurement, Judgment, and Decision Making*. Academic Press.

Camerer, C. F. (1995). Individual decision making. In Hagel, J. H. & Roth, A. E. (eds.) *Handbook of Experimental Economics*. Princeton University Press, pp. 587-703.

Camerer, C. F., Lowenstein, G. & Rabin, M. (eds.) (2004). *Advances in Behavioral Economics*. Princeton University Press.

Carmone, F. J., Green, P. E. & Jain, A. K. (1978). Robustness of conjoint analysis : Some Monte Carlo results. *Journal of Marketing Research*, 15 (2), 300-303.

千葉隆弘・竹村和久（1994）．比較判断課題における選好の非対称性．日本社会心理学会第35回大会発表論文集，pp.102-105．

Choquet, G. (1955). Theory of capacities. *Annales de l'Institute Fourier*, 5, 131-295.

Coombs, C. H., Dawes, R. M. & Tversky, A. (1970). *Mathematical psychology : An elementary introduction*. Prentice-Hall.（小野　茂（監訳）（1974）．数理心理学序説．新曜社．）

Dhar, R. & Simonson, I. (1992). The effect of the focus of comparison on consumer preferences. *Journal of Marketing Research*, 29 (4), 430-440.

Edgell, S. E. & Geisler, W. S. (1980). A set-theoretic random utility model of choice behavior. *Journal of Mathematical Psychology*, 21 (3), 265-278.

Edwards, W. (ed.)(1992). *Utility Theories : Measurement and Applications*. Kluwer Academic Publishers.

Ellsberg, D. (1961). Risk, ambiguity, and the Savage axiom. *Quarterly Journal of Economics*, 75 (4), 643-669.

Fishburn, P. C. (1978). On Handa's "new theory of cardinal utility" and the maximisation of expected return. *Journal of Political Economy*, 86 (2), 321-324.

Fishburn, P. C. (1988). *Nonlinear Preference and Utility Theory*. The Johns Hopkins University Press.

Fischhoff, B. (1983). Predicting frames. *Journal of Experimental Psychology : Learning, Memory, and Cognition*, **9** (1), 103-116.

Fujii, S. & Takemura, K. (2003). *Attention, Frames Condition and Decision Frames Condition and Decision Making Under Risk : An Empirical Contingent Focus Model Using Eye Gaze Recorder*. Society for Judgment and Decision Making.

藤井 聡 (1999). 交通計画におけるシミュレーション手法の適用可能性について. 土木計画学研究・論文集, **16**, 19-34.

藤井 聡 (2003). 社会的ジレンマの処方箋―都市・交通・環境問題の心理学. ナカニシヤ出版.

藤井 聡・竹村和久 (2001). リスク態度と注意―状況依存焦点モデルによるフレーミング効果の計量分析. 行動計量学, **54**, 9-17.

藤井 聡・竹村和久・吉川肇子 (2005). 囚人のジレンマゲームにおける意思決定と焦点化. 理論心理学研究, **7** (1), 32-35.

Gilboa, I. (2009). *Theory of Decision under Uncertainty*. Cambridge University Press. (川越敏司 (訳) (2014). 不確実性下の意思決定理論. 勁草書房.)

広田すみれ・増田真也・坂上貴之 (2002). 心理学が描くリスクの世界―行動意思決定入門. 慶應義塾大学出版.

市川惇信 (編) (1980). 多目的決定の理論と方法. 計測自動制御学会.

市川惇信 (1983). 意思決定論 エンジニアリング・サイエンス講座 33. 共立出版.

印東太郎 (編) (1977). 心理測定・学習理論. 森北出版.

Iverson, G. & Luce, R. D. (1998). The representational measurement approach to problems. In Birnbaum, M. H. (ed.) *Measurement, Judgment, and Decision Making*. Academic Press, pp. 1-79.

Jensen, N. E. (1967). An introduction to Beronoullian utility theory : I. Utility functions. *Swedish Journal of Economics*, **69** (3), 163-183.

Judd, C. M. & McClelland, G. H. (1998). Measurement. In Gilbert, D. T., Fiske, S. T. & Lindzley, G. (eds.) *Handbook of Social Psychology* (4th ed.). McGraw-Hill. pp. 180-232.

Kahneman, D. & Tversky, A. (1979). Prospect theory : An analysis of decision under risk. *Econometrica*, **47** (2), 263-291.

Keeney, R. & Raiffa, H. (1976). *Decisions with Multiple Objectives : Preferences and Value Tradeoffs*. Wiley.

小橋康章 (1988). 決定を支援する. 認知科学選書 18. 東京大学出版会.

Kojima, S. (1994). Psychological approach to consumer buying decisions : Analysis of the psychological purse and psychology of price. *Japanese Psychological Research*, **36** (1), 10-19.

Krantz, D. H., Luce, R. D., Suppes, P. & Tversky, A. (1971). *Foundations of measurement Volume 1 : Additive and Polynomial Representations*. Academic Press.

Levy, H. (2008). First degree stochastic dominance violations : Decision weights and bounded rationality. *The Economic Journal*, **118** (528), 759-774.

Louviere, J. J. (1988). *Analyzing decision making : Metric conjoint analysis*. Sage Publications.

Luce, R. D. (1959). On the possible psychophysical laws. *Psychological Review*, **66** (2), 81-95.

Luce, R. D. & Tukey, J. W. (1964). Simultaneous conjoint measurement : A new type of

fundamental measurement. *Journal of Mathematical Psychology*, **1** (1), 1-27.
Maule A. J. (1989). Positive and negative decision frames : A verbal protocol analysis of the Asian disease problem of Tversky and Kahneman. In Montgomery, H. & Svenson O. (eds.) *Process and Structure in Human Decision Making*. John Wiley and Sons Ltd., pp. 163-180.
McFadden, D. (1973). Conditional logit analysis of qualitative choice behavior. In Zarambka, P. (ed.) *Frontiers in Econometrics*. Academic press, pp.105-142.
Payne, J. W., Bettman, J. R. & Johnson, E. J. (1992). Behavioral decision research : A constructive processing perspective. *Annual Review of Psychology*, **43**, 87-131.
Payne, J. W., Bettman, J. R., & Johnson, E. J. (1993). *The Adaptive Decision Maker*. Cambridge University Press.
Quiggin, J. (1993). *Generalized Expected Utility Theory : The Rank Dependent Model*. Kluwer Academic Publishers.
Roberts, F. S. (1979). *Measurement Theory with Application to Decision Making, Utility and the Social Sciences*. Addison-Wesley.
佐伯 胖（1973）．公理論的アプローチー conjoint measurement 理論．印東太郎（編）心理学研究法 17　モデル構成．東京大学出版会，pp. 231-247.
佐伯 胖（1986）．認知科学選書 10　認知科学の方法．東京大学出版会．
Shepard, R.N., Romney, A. K. & Nerlove, S. (eds.) (1972). *Multidimensional Scaling Volume 1*. Seminor Press.（岡太彬訓・渡辺恵子（訳）(1976)．多次元尺度構成法Ｉ．共立出版．）
Shigemasu, K. & Yokoyama, A. (1994). Flexible bayesian approach for psychological modeling of decision making. *Japanese Psychological Research*, **36** (1), 20-28.
繁桝算男（1985）．ベイズ統計入門．東京大学出版会．
Schmeidler, D. (1989). Subjective probability and expected utility without additivity. *Econometrica*, **57** (3), 571-587.
Simon, H. A (1990). Invariants of human behavior. *Annual Review of Psychology*, **41** (1), 1-19.
Slovic, P. & Tversky, A. (1974). Who accepts savage's axiom?. *Behavioral Science*, **19** (6), 368-373.
Starmer, C. (2000). Developments in non-expected utility theory : The hunt for descriptive theory of choice under risk. *Journal of Economic Literature*, **38** (2), 332-382.
菅野道夫・室伏俊明（1993）．講座ファジィ 3　ファジィ測度．日刊工業新聞社．
Takemura, K. (1992). Effect of decision time on framing of decision : A case of risky choice behavior. *Psychologia*, **35** (3), 180-185.
Takemura, K. (1993). The effect of decision frame and decision justification on risky choice. *Japanese Psychological Research*, **35** (1), 36-40.
Takemura, K. (1994). Influence of elaboration on the framing effect. *Journal of Psychology*, **128** (1), 33-39.
Takemura, K. (2000). Vagueness in human judgment and decision making. In Liu, Z. Q. & Miyamoto, S. (eds.) *Soft Computing for Human Centered Machines*. Springer Verlag, pp. 249-281.
Takemura, K. (2014). *Behavioral Decision Theory : Psychological and Mathematical Representations of Human Choice Behavior*. Springer Verlag.

竹村和久（1994）．フレーミング効果の理論的説明―リスク下での意思決定の状況依存的焦点モデル．心理学評論，**37**（3），270-291．

竹村和久（1996）．意思決定とその支援．市川伸一（編）認知心理学4巻 思考．東京大学出版会，pp. 81-105.

竹村和久（1998）．状況依存的意思決定の定性的モデル―心的モノサシ理論による説明．認知科学，**5**（4），17-34．

竹村和久（2009）．行動意思決定論―経済行動の心理学．日本評論社．

竹村和久・藤井　聡（1999）．決定フレーミング効果の焦点化仮説による説明とその計量化．日本行動計量学会第27回大会発表論文抄録集，pp.219-222.

竹村和久・胡　項農・藤井　聡（2001）．情報モニタリング法による状況依存的焦点化モデルの検討．あいまいと感性研究部会研究発表講演会・論文集．

田村坦之・中村　豊・藤田眞一（1997）．効用分析の数理と応用．コロナ社．

谷口綾子・浅見知秀・藤井　聡・石田東生（2009）．公共交通配慮型居住地選択に向けた説得的コミュニケーションの効果分析，土木学会論文集D，**65**（4），441-448.

Thurstone, L. L. (1927). A low of comparative judgment. *Psychological Review*, **34** (4), 273-286.

Tversky, A. & Kahneman, D. (1981). The framing decisions and the psychology of choice. *Science*, **211** (4481), 453-458.

Tversky, A. & Kahneman, D. (1986). Rational choice and the framing of decisions. *Journal of Business*, **59** (4), 251-278.

Tversky, A. & Kahneman, D. (1992). Advances in prospect theory：Cumulative representation of uncertainty. *Journal of Risk and Uncertainty*, **5** (4), 297-323.

Tversky, A., Sattath, S. & Slovic, P. (1988). Contingent weighting in judgment and choice. *Psychological Review*, **95** (3), 371-384.

Tversky, A., Slovic, P. & Kahneman, D. (1990). The causes of preference reversal. *American Economic Review*, **80** (1), 204-217.

von Neumann, J. & Morgenstern, O. (1944). *Theory and Games and Economic Behavior*. Princeton University Press.

von Neumann, J. & Morgenstern, O. (1947). *Theory and Games and Economic Behavior* (2nd ed.). Princeton University Press.

和田洋平・大山　正・今井省吾（編）（1969）．感覚＋知覚心理学ハンドブック．誠心書房．

Wittink, D. R. & Cattin, P. (1989). Commercial Use of Conjoint Analysis：An update. *Journal of Marketing*, **53** (3), 91-96.

山本貴之・菊池　輝・藤井　聡（2010）．経路選択時における公益情報提供に対する焦点化についての実験研究．土木計画学研究・講演集，CD-ROM，**42**．

索　引

あ

アジアの病気問題　70, 78, 82, 84, 139, 140
アルキメデス性　48
アレのパラドックス　89, 93, 94, 95, 100, 105

意思決定　2, 10
意思決定現象　15
意思決定問題　5, 53
一意性　25, 37
1次元尺度構成　39
1対比較尺度　27
インターロッキング条件　67

ウェーバーの法則　40

エクステンシブ構造　43
エクステンシブ測定　39
エルスバーグのパラドックス　100

凹関数　63

か

確定効用モデル　116
確率分布　139
荷重関数　101
価値関数　101, 133
カーネマン　53, 56, 68, 100
可能な心理物理法則　41
加法コンジョイント系　67, 67
加法コンジョイント構造　45, 47, 50
間隔尺度　26, 27, 50
眼球運動測定装置　87

関係系　22, 30
関係の認識　18
完備性　20, 29, 30, 33
ガンベル分布　151

記述的アプローチ　5, 6
記述普遍性　9, 52
記述不変性　54
記述理論　4
基数効用　90
期待効用最大化　106
期待効用理論　10, 12, 51, 89, 92, 96, 99, 137
規範的アプローチ　5, 6
規範理論　4
狭義凹関数　63
共単調的　98
共単調独立性　98
協力行動　144

経験的関係系　24, 36, 37
計量心理学的測定　39
結合則　43
ゲーム理論　89

公益　154, 160
公益情報　157, 158, 160
構造適法略　145
行動計量学　2, 3
行動変容　153
効用　132
効用関数　116, 133, 134
合理性の基準　106
公理的測定論　17, 24
誤差項　126
コンジョイント測定　24, 39, 44
コンジョイント分析　45, 45, 45, 46

コンパクトシティ　165

さ

最尤推定法　121
参照点　102, 108

私益　154, 160
私益情報　157, 159
しきい値　116, 119
社会的ジレンマ　144, 162, 166
弱順序　21, 23, 29, 33, 34, 35, 36, 43, 45, 47
弱順序性　57, 98
尺度構成　24
囚人のジレンマ　145
主観確率　3
主観的期待効用理論　96, 99
シュマイドラー　96, 98
順位反応効用モデル　116
順位反応プロビットモデル　123
順位反応ロジットモデル　123
順序公理　92
順序尺度　26, 26, 46
順序づけ　17, 19
状況依存性　8, 51, 88, 119, 134, 135
状況依存的意思決定　51
状況依存的荷重モデル　58
状況依存的焦点モデル　8, 11, 13, 15, 55, 57, 61, 62, 63, 65, 68, 68, 69, 77, 78, 79, 87, 87, 107, 109, 111, 135, 143, 149, 150, 152, 164, 173, 175
焦点化　168
焦点化仮説　12, 77, 82, 83, 86, 136
焦点化の状況依存性仮説　136, 139, 175
焦点化パラメータ　75, 136, 137, 138, 139, 141
情報提供効果　169
情報モニタリング法　82
ショケ積分　96, 97, 98, 105, 106
処方箋　175
処方的アプローチ　5, 6, 13
心的構成　11
心的モノサシ理論　42

心理測定　24
心理的方略　145, 154, 162
心理物理学的測定法　40
心理物理法則　41
親和性　161

推移性　20, 29, 31, 34
数学的構造　22
数量化　33, 34, 35, 36
数量的関係　37
数量的関係系　24, 36, 37
スティーブンスの法則　123

正規分布　121
制限付可解性　49
制限なし可解性　48
精神物理学的測定法　40
選好　16
選好関係　57
選好逆転現象　15
選好判断　46
全順序　21, 22, 23, 29, 31, 33
選択　58
選択肢　3
選択モデル　124

相殺性　59
属性内の独立性　47
測定尺度水準　37

た

対称性　20, 28
対数尤度　122
多次元尺度　24
多次元尺度構成　39
多属性選択　142
単調性　43, 98

直積集合　28

定性的データ　26
定量的データ　26

索　　　引

動機付け　171
動機的強調　157
動機的強調操作　174
統計的意思決定モデル　113
同値関係　29
同値類　21,29
トゥベルスキー　53,56,68,100
独立性　45,47
独立性公理　92
トムセン条件　47

に

2項関係　28
二重相殺性　45,47
認知的　171
認知的意思決定理論　113
認知的強調　157
認知的強調操作　174
認知的精緻化　86
認知的統計的意思決定モデル　113
認知的な注意量　147

ネガティブ・フレーム条件　68,70,139

は

パラメータ　121
反射効果　77,85
反射効果問題　86
反射性　20,28
半順序　21,29
反対称性　20,28,31
判断　10
反応モード効果　52

比較可能性　20
比較判断　19,19
非加法的確率　96
非協力行動　144
非自明性　98
非線形期待効用理論　89

非線形効用理論　41,51,96,99,99,100
評価段階　101
表現定理　67,98
表現的測定　39
比例尺度　26,27

ファジィ測度　96
フェヒナーの法則　123,150
不確実性　130,132
不確実性下の意思決定　129
負の効用　132
フレーミング　55
フレーミング効果　9,11,51,52,52,53,54,
　56,57,58,68,68,71,81,89,99,101,107,
　109,109,111,135
フレーム　9,11,53
プロスペクト理論　10,10,11,12,41,69,
　77,79,87,100,107,108
プロビットモデル　128

閉エクステンシブ構造　43,44
ベルヌーイ　89
編集段階　101,101

ポジティブ・フレーム条件　68,70,139
本質性　49

ま

マッチング　58

無差別曲線　49

名義尺度　26,26

ゆ

有限加法的確率測度　90,97
尤度関数　122

容量　96

ら

ランク依存効用理論　97
ランダム効用　124
ランダム効用モデル　73, 115, 116, 123, 125, 143
ランダム効用理論　125, 126, 143

リスク回避　10, 61, 65
リスク回避型　131
リスク回避志向　55
リスク回避性　63
リスク下の意思決定　96
リスク志向　10, 61, 101
リスク志向型　132
リスク志向性　64
リスク態度　61, 63, 64, 75, 78, 129, 130, 131, 137
リスク中立型　132
リスク中立性　64
リスク中立的　64

累積プロスペクト理論　102, 103, 104, 105
ルベーグ積分　96

連続性　98
連続性公理　92

ロジスティック回帰モデル　73
ロジスティック分布　75, 123, 151
ロジットモデル　128, 151

著者略歴

竹村 和久（たけむら かずひさ）
1960 年 京都府に生まれる
1988 年 同志社大学大学院文学研究科博士課程単位取得退学
現　在 早稲田大学文学学術院教授
　　　 博士（学術），博士（医学）

藤井 聡（ふじい さとし）
1968 年 奈良県に生まれる
1993 年 京都大学大学院工学研究科修士課程修了
現　在 京都大学大学院工学研究科教授
　　　 博士（工学）

シリーズ〈行動計量の科学〉6
意思決定の処方　　　　　　定価はカバーに表示

2015 年 3 月 25 日　初版第 1 刷

著　者	竹　村　和　久	
	藤　井　　　聡	
発行者	朝　倉　邦　造	
発行所	株式会社 朝 倉 書 店	

東京都新宿区新小川町 6-29
郵便番号　162-8707
電　話　03(3260)0141
FAX　03(3260)0180
http://www.asakura.co.jp

〈検印省略〉

Ⓒ 2015〈無断複写・転載を禁ず〉　　真興社・渡辺製本

ISBN 978-4-254-12826-0　C 3341　　Printed in Japan

JCOPY ＜(社)出版者著作権管理機構 委託出版物＞

本書の無断複写は著作権法上での例外を除き禁じられています．複写される場合は，そのつど事前に，(社)出版者著作権管理機構（電話 03-3513-6969, FAX 03-3513-6979, e-mail: info@jcopy.or.jp）の許諾を得てください．

東京成徳大 海保博之・聖学院大 松原 望監修
関西大 北村英哉・早大 竹村和久・福島大 住吉チカ編

感情と思考の科学事典

10220-8 C3540　　　　A5判 484頁 本体9500円

「感情」と「思考」は，相対立するものとして扱われてきた心の領域であるが，心理学での知見の積み重ねや科学技術の進歩は，両者が密接に関連してヒトを支えていることを明らかにしつつある。多様な学問的関心と期待に応えるべく，多分野にわたるキーワードを中項目形式で解説する。測定や実践場面，経済心理学といった新しい分野も取り上げる。〔内容〕I. 感情／II. 思考と意思決定／III. 感情と思考の融接／IV. 感情のマネジメント／V. 思考のマネジメント

元聖路加看護大 柳井晴夫編
シリーズ〈行動計量の科学〉1

行動計量学への招待

12821-5 C3341　　　　A5判 224頁 本体3500円

人間行動の計量的な解明を目指す「行動計量学」のエッセンスを数理・応用の両面から紹介。〔内容〕多変量解析／数量化理論／意思決定理論／テスト学／社会調査／計量政治学／QOL測定／医学と行動計量学／実証科学と方法論科学の協働

多摩大 岡太彬訓・早大 守口 剛著
シリーズ〈行動計量の科学〉2

マーケティングのデータ分析

12822-2 C3341　　　　A5判 168頁 本体2600円

マーケティングデータの分析において重要な10の分析目的を掲げ，方法論と数理，応用例をまとめる。統計の知識をマーケティングに活用するための最初の一冊〔内容〕ポジショニング分析(因子分析)／選択行動(多項ロジットモデル)／他

電通大 植野真臣・大学入試センター 荘島宏二郎著
シリーズ〈行動計量の科学〉4

学習評価の新潮流

12824-6 C3341　　　　A5判 200頁 本体3000円

「学習」とは何か，「評価」とは何か，「テスト」をいかに位置づけるべきか。情報技術の進歩とともに大きな変化の中にある学習評価理論を俯瞰。〔内容〕発展史／項目反応理論／ニューラルテスト理論／認知的学習評価／eテスティング／他

統数研 吉野諒三・前東洋英和女大 林　文・帝京大 山岡和枝著
シリーズ〈行動計量の科学〉5

国際比較データの解析

12825-3 C3341　　　　A5判 224頁 本体3500円

国際比較調査の実践例を通じ，調査データの信頼性や比較可能性を論じる。調査実施者だけでなくデータ利用者にも必須のリテラシー。机上の数理を超えて「データの科学」へ。〔内容〕歴史／方法論／実践(自然観・生命観／健康と心／宗教心)

東京外国語大 市川雅教著
シリーズ〈行動計量の科学〉7

因　子　分　析

12827-7 C3341　　　　A5判 184頁 本体2900円

伝統的方法論を中心としつつ，解析ソフトの利用も意識した最新の知見を集約。数理的な導出過程を詳しく示すことで明快な理解を目指す。〔内容〕因子分析モデル／母数の推定／推定量の標本分布と因子数の選択／因子の回転／因子得点／他

東北大 村木英治著
シリーズ〈行動計量の科学〉8

項　目　反　応　理　論

12828-4 C3341　　　　A5判 160頁 本体2600円

IRTの理論とモデルを基礎から丁寧に解説。〔内容〕測定尺度と基本統計理論／古典的テスト理論と信頼性／1次元2値IRTモデル／項目パラメータ推定法／潜在能力値パラメータ推定法／拡張IRTモデル／尺度化と等化／SSIプログラム

阪大 足立浩平・中京大 村上　隆著
シリーズ〈行動計量の科学〉9

非計量多変量解析法
―主成分分析から多重対応分析へ―

12829-1 C3341　　　　A5判 184頁 本体3200円

多変量データ解析手法のうち主成分分析，非計量主成分分析，多重対応分析をとりあげ，その定式化に関する3基準(等質性基準，成分負荷基準，分割表基準)の解説を通してこれら3手法および相互関係について明らかにする。

東京成徳大 海保博之監修　慶大 坂上貴之編
朝倉実践心理学講座 1

意思決定と経済の心理学

52681-3 C3311　　　　A5判 224頁 本体3600円

心理学と経済学との共同領域である行動経済学と行動的意思決定理論を基盤とした研究を紹介，価値や不確実性について考察。〔内容〕第Ⅰ部「価値を測る」／第Ⅱ部「不確実性を測る」／第Ⅲ部「不確実性な状況での意思決定を考える」

上記価格(税別)は2015年2月現在